SOCIÉTÉ FORESTIÈRE DE FRANCE

PARIS. — TYPOGRAPHIE HENNUYER ET FILS, RUE DU BOULEVARD, 7.

ENQUÊTE AGRICOLE

DÉPOSITIONS

DE LA

SOCIÉTÉ FORESTIÈRE

DE FRANCE

DEVANT LA COMMISSION SUPÉRIEURE

PARIS

SIÉGE DE LA SOCÉTÉ : RUE FONTAINE-AU-ROI, 43

1868

DÉPOSITIONS

DE LA

SOCIÉTÉ FORESTIÈRE DE FRANCE

DEVANT

LA COMMISSION SUPÉRIEURE DE L'ENQUÊTE AGRICOLE

Séance du lundi 3 juin 1867

Présidence de M. Suin, sénateur

Représentants de la Société forestière de France :

MM. CHEVANDIER DE VALDROME, Président ;
MAULDE, Vice-Président ;
Le Vicomte d'ABOVILLE, Secrétaire ;
Le Marquis d'ANDELARRE ;
Le Comte d'ESTERNO ;
GALLOIS ;
BOUQUET DE LA GRYE, Secrétaire.

M. le Président. La Société forestière de France, ayant désiré être entendue dans l'enquête agricole, se présente en ce moment devant la Commission supérieure.

Elle a fait paraître un programme des observations qu'elle se proposait de soumettre à la Commission, et plusieurs des exemplaires de ce programme viennent de nous être distribués.

Je n'ai pas encore eu le temps d'en prendre connaissance ; mais je suppose que MM. les membres de la Société forestière se proposent de suivre l'ordre consigné dans ces observations. Aussi je vais donner connaissance à la Commission du point de vue auquel la Société se place :

« Les causes du malaise de la propriété forestière en France, dit-elle, sont diverses : les unes ont un caractère général, les autres sont spéciales à ce genre de propriété.

« Les causes générales sont, en premier lieu, l'augmentation du prix de la main-d'œuvre depuis une vingtaine d'années ; puis l'insuffisance des moyens économiques de transport et spécialement le mauvais état des chemins ruraux ; enfin, l'élévation des droits de mutation sur les successions et les ventes. »

Voilà, messieurs, les trois points sur lesquels vous désirez appeler l'attention de la Commission de l'enquête agricole. Au surplus, vous n'êtes pas astreints à vous renfermer dans telles ou telles limites, et vous pouvez, si vous le désirez, étendre vos observations autant que vous le jugerez nécessaire. Je donne la parole à M. Chevandier de Valdrôme.

M. CHEVANDIER DE VALDRÔME. J'ai l'honneur d'être président de la Société forestière de France, et c'est à ce titre que je désire soumettre à la Commission supérieure quelques observations générales. Je prierai ensuite ceux de mes confrères qui ont été désignés pour m'assister, de développer devant vous les différents points qu'ils ont plus spécialement étudiés.

Je dois, avant tout, exprimer un regret : c'est que la demande que nous avions faite à M. Béhic, alors qu'il était ministre de l'agriculture et du commerce, n'ait pas été accueillie dans la forme où nous l'avions présentée. Au moment où il faisait publier le Questionnaire relatif à l'enquête agricole, j'avais été chargé de demander au ministre qu'on voulût bien y ajouter un chapitre spécial pour les questions forestières, ce qui eût permis à tous les propriétaires forestiers de faire connaître leurs besoins et leurs désirs, qui varient naturellement suivant les circonstances et suivant les régions de la France dans lesquelles ils se trouvent placés. M. Béhic m'a fait l'honneur de me répondre qu'il considérait la question forestière comme tellement importante, que son intention était d'en faire l'objet d'une enquête spéciale. Devant l'intention formulée par le ministre, nous avons dû garder le silence. Plus tard, quand M. Béhic a été remplacé par M. de Forcade la Roquette, nous sommes venus rappeler à celui-ci la promesse de son prédécesseur ; mais il nous a répondu, avec beaucoup de sens, qu'il serait très-difficile de recommencer le gros appareil d'une telle enquête, appareil non-seulement dispendieux, mais fatigant pour ceux dont on a mis le dévouement à l'épreuve, en les chargeant d'aller dans tous les départements s'occuper d'une question, en définitive, aussi limitée que la seule question forestière. M. de Forcade la Roquette a ajouté que nous serions, du reste, entendus par la Commission supérieure de l'enquête agricole.

C'est cette tâche très-lourde que nous allons essayer de remplir, bien que nous nous déclarions insuffisants pour le faire d'une manière complète.

Nous avons donc étudié les besoins des propriétaires forestiers, et nous pouvons vous entretenir des questions les plus grosses qui les touchent et qui présentent un caractère général. Quant aux questions spéciales à chaque propriété, à chaque département, nous ne saurions entrer dans de semblables détails. Elles eussent pu cependant être mises en lumière, si la première demande que nous avions adressée à M. Béhic avait été écoutée, et si l'enquête agricole avait renfermé un chapitre relatif à la question forestière.

M. LE PRÉSIDENT. Malheureusement le Questionnaire ne renferme qu'un paragraphe relatif à la propriété forestière, et ce paragraphe tendrait plutôt à la faire disparaître : car il est relatif aux défrichements.

M. CHEVANDIER DE VALDRÔME. Cela est vrai ; nous avons compris que nous ne pouvions traiter toutes les questions, et nous manquerons forcément à une partie des devoirs que nous avons à remplir vis-à-vis des propriétaires forestiers, puisque, tout en comparaissant comme société, nous ne pouvons demander à la Commission supérieure de nous consacrer qu'un temps relativement court ; tandis qu'il en eût été autrement si l'on nous avait accordé ce que nous avions demandé, c'est-à-dire que les propriétaires de forêts, qui souffrent sous beaucoup de rapports, fussent appelés à indiquer les causes de leurs souffrances.

Ceci dit, j'aborde les questions générales ; mais, avant d'examiner celles qui sont consignées dans la note que nous vous avons soumise, je demanderai qu'il me soit permis de dire quelques mots de trois questions qui sont également d'un intérêt général, et qui nous touchent plus ou moins particulièrement comme propriétaires de forêts.

Ce sont les questions relatives :

1° A l'aliénation des forêts de l'Etat ;

2° Au payement des centimes additionnels, par les forêts de l'Etat ;

3° A la classification administrative du service des forêts.

M. LE PRÉSIDENT. Vous avez toute liberté de vous exprimer sur les points que vous voudrez aborder.

M. CHEVANDIER DE VALDRÔME. Ce sont trois questions qui ont été pour nous l'objet de longues études ; elles sont mixtes : car elles portent directement sur les propriétés de l'Etat, d'abord, et indirectement sur les nôtres propres. Elles ont été l'objet de vœux précédemment exprimés au gouvernement, et si la Commission veut bien nous permettre d'en dire quelques mots, nous commencerons par la question de l'aliénation des forêts de l'Etat ; nous passerons ensuite à celle du payement des centimes additionnels par ces mêmes forêts, et enfin nous arriverons au vœu exprimé généralement, que l'administration des forêts de l'Etat soit réunie au ministère de l'agriculture et du commerce.

M. LE PRÉSIDENT. Quant à ce vœu de la réunion de l'administration forestière au ministère de l'agriculture et du commerce, la Société forestière n'avait pas besoin d'être entendue spécialement sur ce point : car il est consigné dans l'enquête.

M. CHEVANDIER DE VALDRÔME. Oui, je sais que toutes les sociétés d'agriculture le demandent.

M. LE PRÉSIDENT. C'est précisément ce que je voulais dire. Dans les trois départements où j'ai eu l'honneur de présider l'enquête agricole, ce vœu a été unanime, et je l'ai consigné dans mon rapport.

M. CHEVANDIER DE VALDRÔME. Nous croirions manquer à notre mission si nous ne le rappelions pas ici, au moins comme *memorandum*.

Quant à la question de l'aliénation des forêts de l'Etat, elle a pris une grande actualité en 1865. La Société forestière l'a étudiée, soit au point de vue des propriétaires eux-mêmes, soit au point de vue de l'intérêt de la conservation des forêts. C'est une question trop débattue pour donner lieu ici à de longs développements ; je demande seulement la permission de vous lire les vœux que nous avons portés alors au ministère de l'agriculture, afin qu'ils soient consignés dans les minutes de votre enquête.

SOCIÉTÉ FORESTIÈRE DE FRANCE.

(Extrait du procès-verbal de l'assemblée générale du 26 mars 1865.)

« Considérant que l'opinion publique s'inquiète du projet annoncé de vendre une partie des forêts de l'Etat, et qu'elle y voit la première application d'un système qui conduirait à l'abandon de ce précieux avantage légué par les siècles ;

« Considérant que cette aliénation des bois de l'Etat entraînerait la destruction de la plus grande partie des futaies qui restent en France, et que la propriété privée sera impuissante à reconstituer ;

« Considérant que les futaies sont indispensables à l'approvisionnement de la France en bois de marine et de service, dont elle demande déjà pour plus de 100 millions par an à l'importation étrangère ;

« Considérant que l'expérience du passé ne permet pas de douter que la vente des forêts de l'Etat ne pourra être réalisée que fort au-dessous de leur valeur réelle, et qu'elle entraînera un avilissement certain dans le prix de tous les produits forestiers ;

« Considérant qu'indépendamment de la perte qui en résultera pour le Trésor pendant un grand nombre d'années, la même conséquence se produira pour les revenus des communes, des établissements publics et des particuliers, qui seront entraînés à vendre ou à défricher une propriété devenue improductive entre leurs mains ;

« Considérant que l'ensemble de ces faits constituera un appauvrissement progressif de la France en bois de toute espèce, appauvrissement auquel les forêts du Nord, bientôt épuisées elles-mêmes, ne pourront toujours suppléer ;

« Considérant enfin que le défrichement des forêts qui sera la conséquence de l'aliénation des bois de l'Etat entraînera après lui, dans un avenir prochain, des modifications funestes dans le climat, le régime des eaux et l'état du sol des montagnes ;

« Emet le vœu :

« Que le Gouvernement renonce au projet d'aliéner les forêts de l'Etat, et charge son président de transmettre ce vœu à la Commission du budget, ou à toute autre commission du Corps législatif qui aurait à connaître d'un projet de loi relatif à des aliénations de forêts, en exprimant le désir qu'un certain nombre de membres de la Société soient admis dans la Commission pour y développer les motifs de ce vœu. »

L'assemblée adopte ce vœu à l'unanimité.

Voilà, messieurs, en résumé, les considérations par lesquelles nous avons demandé, en 1865, que cette aliénation des forêts de l'État n'ait pas lieu. Grâce à Dieu, on a renoncé à ce projet ; mais, enfin, comme il est toujours plus ou moins à l'ordre du jour (et certaines publications, dont quelques-unes remontent très-haut, le font réapparaître de temps en temps), nous avons cru de notre devoir d'en parler au début de notre déposition.

Je ne crois pas que cette question doive être développée autrement; cependant nous sommes prêts à répondre aux questions qu'il vous plairait de nous adresser à ce sujet.

M. LE PRÉSIDENT. Il me semble que c'est un projet à peu près abandonné.

M. CHEVANDIER DE VALDRÔME. J'arrive à la question des centimes additionnels payés par les forêts de l'État. Pendant un certain temps, les communes et les départements ont réclamé contre l'exemption dont jouissaient les forêts de l'État, relativement au payement des centimes additionnels communaux et départementaux. Je n'ai pas à rappeler à la Commission les débats qui ont eu lieu à ce sujet au Corps législatif, et le rôle qu'y a joué M. le marquis d'Andelarre.

Je n'ai pas besoin de dire comment on est arrivé à une espèce de transaction qui sauve le principe, mais qui ne me paraît pas suffisante. Ainsi, la loi de l'année dernière sur l'administration départementale, et celle sur laquelle le Sénat va avoir à se prononcer, en ce qui touche les attributions des conseils municipaux, accordent aux communes et aux départements le payement par les forêts de l'État des centimes additionnels, dans la proportion de la moitié de ce qu'elles auraient à payer si ces forêts appartenaient à des particuliers. On a donc reconnu le principe que les forêts de l'État devaient contribuer à ces charges, mais on n'a appliqué qu'à moitié ce principe.

J'ai fait partie, au Corps législatif, de la commission chargée d'examiner ce projet de loi : nous nous sommes bornés à demander l'adoption de ce principe, et si, par transaction, nous avons admis qu'il serait ainsi appliqué à moitié, c'est parce que c'était un premier pas de fait dans une voie où il faut aller jusqu'au bout, et que, d'ailleurs, les difficultés où se trouve le Trésor n'ont pas permis de faire, dès à présent, la concession tout entière. Mais, comme Société forestière, nous exprimons le vœu qu'on aille jusqu'au bout, et qu'on applique le principe dans son intégralité. Il y a là une question de justice et d'équité qu'il n'est pas besoin de développer longuement. Lorsque vous appelez la propriété forestière d'un particulier à contribuer, comme les autres, aux charges communales, rien n'est plus juste : car elle profite, dans une certaine proportion, des améliorations qui se font dans la commune. Si vous créez, par exemple, des écoles, une église, une maison de secours pour les pauvres, vous contribuez à retenir dans la commune une population qui tend à s'en éloigner; par conséquent vous rendez un service indirect, mais très-réel, au propriétaire de la forêt comme au propriétaire rural : car si la dépopulation des campagnes continuait, vous n'auriez bientôt plus personne pour exploiter les forêts et pour cultiver les champs. C'est ainsi que, même dans les choses qui ont l'air de s'écarter le plus de ce qui touche aux forêts, tout ce que l'on fait dans une commune rend un service réel à la propriété forestière, aussi bien à celle de l'Etat qu'à celle des particuliers.

Mais ce n'est pas seulement l'intérêt réel de la propriété d'où ressort la justice de l'impôt ; il y a, en outre, ici une question de droit. Toutes les propriétés qui composent une commune doivent concourir aux charges de cette commune, et si l'on a reconnu que la propriété de l'Etat doit concourir à ces charges comme celle des particuliers, quelle raison valable peut-on donner pour soutenir, en présence d'un semblable principe, que le particulier payera deux francs, tandis que l'Etat n'en payera qu'un ? Il y a là, non pas un abus, loin de moi l'idée de me servir d'une expression blessante, mais l'usage de la force, et c'est contre cet usage que nous protestons, en vous priant d'enregistrer notre vœu que l'Etat ne s'arrête pas à cette demi-réparation, et que, dans un laps de temps aussi court que possible, les centimes additionnels communaux et départementaux soient payés par l'Etat dans la même proportion que par tout autre propriétaire.

M. le Président. Votre opinion se résume à ceci : La propriété forestière de l'Etat n'est pas ce qu'on appelle le domaine public ; c'est, au contraire, le domaine patrimonial de l'Etat, et, comme tel, il doit être soumis aux mêmes impôts que les propriétés des particuliers. Je conçois que l'Etat ne se paye pas d'impôts à lui-même, parce que, après tout, ce serait la main droite qui donnerait à la main gauche. Mais les centimes additionnels, dites-vous, profitent au département, à la commune, à l'Etat lui-même. Comme ce sont des centimes additionnels, l'Etat doit y contribuer pour sa part, comme les autres. Ce serait différent s'il s'agissait du principal.

M. le Commissaire général. M. le Président de la Société forestière peut-il nous dire à combien s'élèverait le chiffre des centimes additionnels que l'Etat devrait payer ?

M. Chevandier de Valdrôme. La question a été discutée plusieurs fois par les auteurs de l'amendement devant la Commission du budget. On a toujours prétendu qu'il s'agissait d'un nombre considérable de millions. Nous avons protesté ; nous avons dit qu'on en faisait une affaire plus grosse qu'elle ne l'est réellement. Des recherches ont été faites, et on est arrivé à préciser le chiffre, par suite de l'inscription au budget de 1868, de la somme nécessaire pour payer la moitié de ces centimes additionnels départementaux. Cette somme est de 384,552 francs ; en la doublant, on aurait 765,104 francs. Je ne crois donc pas que, pour la totalité des centimes départementaux, elle dépasse 2 millions.

M. le Président. C'est un chiffre qu'il est difficile de connaître, parce que les centimes additionnels ne sont pas les mêmes dans tous les départements ; ils diffèrent nécessairement en raison du nombre et des besoins des communes.

M. Chevandier de Valdrôme. Aussi me suis-je borné à dire que nous ne pouvions donner que le chiffre prévu pour l'année 1868. Evidemment ce chiffre est variable comme les centimes additionnels eux-mêmes, puisqu'il résulte des votes successifs et alternatifs des conseils généraux et des conseils municipaux, qui ne sont pas les mêmes tous les ans.

M. Guillaumin. Il n'y a là qu'une simple appréciation : c'est la seule chose que nous ayons à constater.

M. de Bénague. Presque tous les conseils généraux réclament ce que vous demandez. Depuis huit ou dix ans, nous faisons cette réclamation dans le département de l'Oise.

M. Chevandier de Valdrôme. J'aborde la question relative à la réunion de l'administration des forêts au ministère de l'agriculture et du commerce, réclamation bien ancienne et qui est depuis longtemps agitée par ceux qui s'occupent des questions agricoles. L'argument le plus puissant qu'on puisse faire valoir en faveur de cette réunion, c'est que le ministère des finances est un ministère exclusivement fiscal, qu'il ne s'occupe pas de la production, et que, par sa nature même, ce ministère, auquel l'administration des forêts est rattachée, est poussé à obtenir le revenu le plus considérable, en sorte que la tendance culturale et conservatrice qui devrait dominer n'a pas l'influence qu'elle devrait avoir. Cette considération apparaît avec plus de force encore si l'on entre dans les détails de la question.

Ainsi, le ministère des finances prépare le budget ; celui-ci étant en voie de déficit, il est tout naturel qu'il pressure toutes les ressources de la richesse publique, de manière à en extraire tout ce qu'il peut en faire sortir. C'est ainsi que, pour atteindre ce but, on présente des projets d'aliénation, en s'efforçant, par des calculs plus ou moins plausibles — souvent faux, mais je ne veux pas les discuter ici — en s'efforçant, dis-je, d'arriver à démontrer qu'il y aurait avantage à vendre les forêts de l'Etat.

Je le répète, il est dans la nature du ministère des finances de chercher tous les moyens d'augmenter ses recettes, et je crois que cette tendance n'est pas sans inconvénient au point de vue de l'exploitation régulière des forêts domaniales.

Nous voyons, en effet, les produits de ces forêts s'augmenter tous les ans, et cela est dû en partie à un meilleur aménagement et à l'augmentation de la valeur des bois de futaie. Il y a là une cause naturelle et légitime d'un plus grand produit en argent : cette cause agit d'autant plus que l'Etat possède beaucoup de futaies. Mais il n'en est pas moins vrai que si l'on parcourt avec soin les forêts de l'Etat, on trouve que sur certains points la richesse forestière diminue. Elle diminue de deux manières : d'abord parce que, sous prétexte d'aménagement, on fait disparaître dans les futaies des richesses précieuses à conserver pour l'avenir : cela s'appelle égaliser les âges. N'y a-t-il pas des mots pour tout ce que l'on veut faire ?

Ailleurs, il arrive quelquefois que des agents forestiers mal inspirés s'imaginent être mieux notés en faisant produire de plus gros revenus aux forêts qui leur sont confiées : ce que l'on peut toujours faire facilement en sacrifiant une partie des vieilles réserves sur les taillis. Je ne dis pas qu'on

pèse directement sur eux ; mais il n'en est pas moins vrai qu'ils sont placés dans une situation fausse.

Il en résulte, pas partout, mais sur différents points, et c'est déjà trop,
un certain appauvrissement de la richesse forestière de l'Etat en vieux bois
et en vieilles écorces. Le jour où l'administration des forêts serait réunie
au ministère de l'agriculture, la question culturale, la question d'aménagement, deviendrait la question dominante ; on penserait plus à l'avenir
qu'aux nécessités du présent, et évidemment la richesse forestière tendrait
partout à s'augmenter.

Voilà une des raisons, la plus grosse, suivant moi, pour demander la
réunion de l'administration des forêts de l'Etat au ministère de l'agriculture et du commerce.

La Société forestière s'est·émue plusieurs fois de cette situation, et récemment elle avait chargé son président de présenter ce vœu à M. de Forcade la Roquette, qui, comme ancien directeur des forêts, était mieux
que personne à même de l'apprécier. Le ministre nous a reçus avec beaucoup de bienveillance ; sa réponse n'a pas été précise, et elle ne pouvait
pas l'être ; mais il a parfaitement apprécié nos raisons.

En venant aujourd'hui consigner ce vœu au début de notre déposition,
nous ne faisons que nous unir à toutes les Sociétés d'agriculture qui, comme
l'a très-bien fait remarquer tout à l'heure M. le président, ont été una-
nimes sur cette question.

J'arrive maintenant aux questions consignées dans le petit imprimé que
nous vous avons fait remettre. Mais, auparavant, il faut que je rappelle à
quelle occasion nous sommes en ce moment devant vous.

Vous nous avez appelés pour nous demander si nous éprouvions des besoins et des souffrances. Je vous réponds affirmativement, et je vous demande en même temps la permission d'établir que ces souffrances sont
réelles, et que nous ne venons pas nous plaindre par l'habitude qu'on a
de le faire toutes les fois qu'on le peut. Je veux donc essayer de vous démontrer en quelques mots que la propriété forestière souffre effectivement beaucoup.

La propriété forestière a deux grandes divisions dans la nature de ses
produits : ce sont les bois de futaie et les bois de taillis.

Il est très-vrai qu'en général il y a à peu près partout une augmentation
de valeur dans le produit des futaies, surtout depuis que les chemins de
fer font une consommation énorme de traverses, et qu'on peut convertir
en traverses des bois qu'auparavant on n'aurait pas pu vendre comme bois
d'œuvre ; mais la production des futaies est surtout l'affaire de l'Etat ; les
particuliers n'ont que très-rarement des futaies pleines : c'est presque un
luxe, et un luxe fort coûteux. Les propriétés forestières particulières ont
bien certaines réserves sur leurs taillis ; mais la grande masse de leur production, c'est le bois de feu.

Or, tandis que le prix du bois d'œuvre va en augmentant, celui du bois
de feu presque partout va en diminuant. Dans le voisinage des grands
centres de population, sur les canaux qui y conduisent, les bois de feu de

choix ont peut-être augmenté ; mais la grande masse des bois de feu est aujourd'hui dans les conditions les plus défavorables, et il devait en être ainsi. Nous nous sommes, en effet, trouvés en face de la ruine successive et presque complète de toutes les forges au bois, ruine qui a été amenée par le développement des forges à la houille et qui a été considérablement accélérée par le traité de commerce ; ce n'est pas que je veuille mettre ce dernier en cause à cette occasion ; je crois pouvoir énoncer comme un fait constant la ruine presque complète et croissante des forges au bois dans certaines localités où elles étaient les consommateurs habituels des produits des taillis, ce qui a occasionné un grand dommage à l'industrie forestière.

Non-seulement les forges ont dû renoncer à se servir de bois, mais il en a été de même de beaucoup d'autres industries qui en faisaient également usage. Je puis citer comme exemple les verreries, et je puis en parler en connaissance de cause : car j'ai moi-même fait du verre au bois sous diverses formes, il y a de cela dix ou quinze ans. Cette industrie, qui se servait anciennement de bois, en a abandonné l'usage aujourd'hui et n'emploie plus que la houille, à cause du prix auquel elle peut se la procurer.

Mais ce ne sont pas les grandes industries seulement qui abandonnent le bois ; d'autres encore de moindre importance commencent à employer la houille, et, à ce propos, je vous citerai un fait particulier : à Strasbourg, la boulangerie faisait une consommation considérable de bois ; dans d'autres localités, c'est le bois de bouleau qui est recherché pour cet usage. A Strasbourg, on employait le bois de pin et il fallait le payer très-cher ; aussi, maintenant que la houille arrive dans cette ville à très-bon marché, par suite de la construction du canal des houillères de la Sarre, les boulangers commencent à abandonner le bois et à brûler de la houille ; vous savez, du reste, qu'on construit aujourd'hui des fours qui cuisent parfaitement le pain avec de la houille. Ainsi, toutes les grandes industries, les forges, les verreries, les établissements de production d'objets alimentaires, tels que le pain, abandonnent successivement l'usage du bois pour arriver à celui de la houille, et je ne ferai qu'énoncer un fait connu de tout le monde en disant que la propriété forestière, au point de vue de la vente de ses bois de feu, est dans la plupart des localités dans une véritable souffrance.

Elle peut jusqu'à un certain point, dira-t-on, trouver une compensation dans l'augmentation de valeur des futaies qui couvrent ses taillis. Il y a là quelque chose de vrai ; mais le remède n'est pas égal au mal, et d'ailleurs ce remède est destiné à augmenter le mal dans un temps donné. Pour maintenir en effet leurs revenus actuels au taux d'autrefois, il y a une certaine tendance chez les propriétaires de bois à diminuer la quantité des futaies qui couvrent leurs taillis ; cela suffit bien pour couvrir aujourd'hui l'insuffisance du revenu ; mais comme ces futaies ne se rétabliront pas par enchantement, ce moyen de pallier le mal l'augmentera d'une manière considérable dans un avenir assez prochain.

La propriété forestière souffre donc bien réellement, et la masse de ses souffrances dépasse les avantages qu'elle a pu rencontrer sur divers points.

Je disais tout à l'heure, et je vous demande pardon de revenir sur cette question, mais il faut la vider, que, sur certains points, les bois de feu de première qualité avaient augmenté de prix. C'est vrai; mais en même temps nous aurons à vous établir tout à l'heure que les prix de façon et de transport ont augmenté, de sorte que, même sur ces points exceptionnels, l'amélioration du prix de vente est compensée en grande partie par l'augmentation des prix de façon et de transport que nous sommes obligés de payer.

On pourrait, à ce que je viens de dire des souffrances de la propriété forestière des particuliers, objecter l'augmentation des revenus des forêts de l'Etat; mais j'ai répondu à l'avance lorsque j'ai dit que les forêts de l'Etat produisaient des futaies dans une proportion beaucoup plus forte que celles des particuliers, ce qui fait que le remède dépasse de beaucoup le mal, et j'ai ajouté, en outre, que je croyais que si sur certains points on avait enrichi les forêts de l'Etat, on les avait appauvries sur d'autres, de sorte que l'argument ne prouverait rien contre ce que j'ai dit des souffrances de la propriété forestière en général.

Si la Commission avait quelques questions à nous adresser à ce sujet, nous sommes prêts à lui répondre; sinon je procéderai immédiatement à un examen général et très-rapide des points que nous avons à traiter devant elle; de manière à poser les jalons de la route que mes honorables confrères se proposent de suivre. Je pense que cette marche est la meilleure; j'indiquerai le plan général de nos observations, et mes confrères, qui ont étudié spécialement les diverses questions, entreront ensuite dans les détails et donneront les chiffres que chacune d'elles comporte.

M. le Président. La seule question que je désire vous faire auparavant est celle-ci :

Je reconnais avec vous les souffrances de la propriété forestière. Je suis moi-même témoin que, dans beaucoup d'industries, la houille se substitue à la consommation ligneuse. Je connais dans les départements du Nord de grandes verreries, notamment celles de Saint-Gobain, de Prémontré, de Folembray, de Quiquengrogne; car cette partie de la France est peuplée de verreries, où la houille est venue se substituer au bois. Ces verreries, autrefois construites au milieu des forêts en vue d'une alimentation de combustible tout à fait à la main, pour ainsi dire, sont desservies aujourd'hui par des canaux qui amènent la houille jusqu'à l'usine. Mais la question qui se présente est celle de savoir, en admettant que la propriété forestière est en souffrance pour telle ou telle cause particulière, si le gouvernement peut y apporter un remède.

M. Chevandier de Valdrôme. C'est seulement le sujet que nous allons traiter.

M. le Président. En vous posant la question d'une manière aussi générale que je l'ai posée pour l'agriculture, je vous ai demandé :

Y a-t-il souffrance? Vous avez répondu affirmativement. Quelles sont ces souffrances ?

Vous venez de nous les énumérer. S'il y a souffrance, quelles en sont les causes et quels en sont les remèdes?

Vous nous avez dit quelles étaient, suivant vous, les causes de cette souffrance ; il vous reste à indiquer les remèdes.

Veuillez nous dire ce que le gouvernement, la société, la législation pourraient faire pour favoriser les forêts.

Je crois que vous direz, comme l'agriculture, que la première chose à faire serait une diminution d'impôts, et en second lieu que, parmi les impôts qui pèsent sur la propriété forestière et sont pour elle une lourde charge, vous citerez les droits de succession et sans doute aussi les droits de mutation autres que ceux par succession directe, c'est-à-dire les droits de mutation par succession collatérale ou par suite de vente ou de licitation.

M. Chevandier de Valdrôme. Nous allons chercher à résumer les causes les plus évidentes de souffrance de la propriété forestière, et un examen rapide de chacune d'elles nous conduira à l'énoncé des remèdes dont nous demandons l'application.

Ces causes se divisent en causes générales et spéciales, et je vais les énumérer à grands traits pour poser l'ensemble de la discussion.

Nous entendons par causes générales celles qui sont communes à la propriété forestière et aux autres propriétés agricoles, et par causes spéciales celles qui touchent plus particulièrement à la propriété forestière, et ne frappent pas de la même manière ni au même degré la propriété agricole.

Les causes générales nous apparaissent au nombre de quatre; il y en a peut-être d'autres qui se seraient révélées si l'on avait pu entendre tous les propriétaires forestiers de France : car ils auraient élucidé évidemment la question d'une manière plus complète ; mais puisqu'il n'a pas été donné suite à la demande que nous avions faite à cet égard, nous nous bornons à vous signaler les quatre causes générales suivantes :

1° L'augmentation des frais d'exploitation ; 2° le mauvais état des chemins ruraux ; 3° l'exagération des droits d'enregistrement ; et enfin, comme quatrième cause, qui avait été considérée d'abord comme cause spéciale, une question relative au régime douanier.

Je me hâte de dire, avant d'aller plus loin, que nous ne demandons pas une protection, mais simplement ce que nous croyons être un acte de justice.

L'augmentation des frais d'exploitation s'élève en moyenne, en France, depuis un certain nombre d'années, depuis dix-huit ans, à 65 pour 100. C'est énorme !

Cette augmentation — je n'ai pas besoin de le dire, car ces questions vous sont trop familières — est due en grande partie à la diminution des bras dans les campagnes, à l'émigration qui a lieu des campagnes vers les villes. Je ne voudrais pas abuser du temps de la Commission en m'étendant sur ce point. Le remède à cet état de choses consisterait en des dispositions qui tendraient à maintenir les populations dans les campagnes.

On y arriverait par l'amélioration des conditions locales, par une bonne organisation des secours pour la population pauvre, par le maintien d'une certaine mesure dans le développement des grands travaux publics, de manière à ne pas enlever tout d'un coup en masse aux populations des hommes jeunes et vigoureux qui perdent dans les chantiers les habitudes de la vie de famille, et ne sont plus disposés à rentrer au village, alors que, pendant quatre ou cinq ans, ils se sont habitués à laisser là leurs femmes et leurs enfants, à avoir une nourriture spéciale, à se livrer à des plaisirs démoralisants, et qui vont enfin grossir dans les villes, aux époques de révolutions, les bataillons de l'émeute et du désordre.

Une autre mesure qui pourrait encore favoriser le développement de la population dans les campagnes, serait une plus grande facilité donnée par la loi militaire au mariage : tout cela est à étudier, et bien d'autres choses encore qui vous ont été exposées plus longuement, et assurément mieux que je ne puis le faire, dans l'ensemble des dépositions que vous avez recueillies lorsque vous avez procédé à des enquêtes locales sur tout le territoire de la France.

Je ne fais en ce moment que constater les faits ; je laisse à un de mes collègues le soin de vous donner les renseignements et les chiffres qui viendront les confirmer.

Je passe à la question relative au mauvais état des chemins ruraux, qui augmente pour nous les difficultés de l'exploitation ; et, à ce propos, je regrette bien vivement l'absence de l'un de mes collègues du Corps législatif, M. de Benoist, auquel des devoirs de famille n'ont pas permis d'assister à cette réunion, et qui aurait pu vous donner des explications complètes sur ce point, qu'il a traité récemment dans une discussion à la Chambre.

Dans un grand nombre de départements, et, si je ne parle que de ce qui se passe spécialement pour le mien, le fait est vrai pour beaucoup d'autres, la loi de 1836 a amené des améliorations considérables dans les chemins vicinaux. On a construit des chemins de grande communication et on a développé les chemins d'intérêt commun. Il s'est formé des administrations voyères qui sont devenues très-absorbantes, et je vois constamment des communes qui, tous leurs revenus étant centralisés par l'administration, ne peuvent plus entretenir leurs chemins vicinaux, ni, à plus forte raison, leurs chemins ruraux. Il y a là un état très-grave dont il est urgent de s'occuper.

L'entretien des chemins de grande communication et d'intérêt commun, qui sont, et à bon droit, la passion de l'agent voyer en chef, mettent souvent les communes dans l'impossibilité d'entretenir les chemins vicinaux les plus nécessaires. Aussi le Corps législatif vient d'y pourvoir en donnant aux conseils municipaux le droit de voter trois centimes spéciaux et supplémentaires applicables aux chemins de grande communication, et pouvant, surérogativement, être affectés aux chemins vicinaux. J'espère que cette mesure remédiera au mauvais état des chemins vicinaux.

Restent les chemins ruraux, pour lesquels on ne fait rien. Ce sont pourtant eux qui souffrent le plus, et qui, en traversant les forêts et les champs, permettent l'exploitation des bois. Les communes qui n'ont pas même de ressources à appliquer aux chemins vicinaux, ne peuvent, à plus forte raison, rien faire pour les chemins ruraux.

Ce que nous demandons, c'est que l'on crée des ressources pour ces chemins ruraux. Il ne faut pas se borner à créer des syndicats qui laisseront les chemins ruraux réellement utiles à la charge des propriétés qu'ils traversent. Sans doute, les propriétaires limitrophes doivent y contribuer ; mais, quand un chemin rural est important, il y a toujours un intérêt communal en même temps qu'un intérêt rural, et il serait injuste d'en laisser uniquement la charge aux propriétés traversées. Et ici la cause générale devient pour nous une question spéciale ; car si l'on constitue un syndicat pour l'entretien d'un chemin rural, il est évident que les propriétaires forestiers, étant plus éloignés que les propriétaires des champs, trouveront ordinairement ces derniers peu disposés à venir à leur aide pour la partie des chemins ruraux qui dessert leurs forêts, et leurs demandes ne seront pas appuyées par les syndicats.

Nous demandons donc qu'il soit pris des mesures pour faciliter le plus tôt possible l'amélioration des chemins ruraux ; ce sera l'un des remèdes les plus utiles à l'état actuel de la propriété forestière.

M. le Président. Pour ce qui est des chemins ruraux, il y a une grande question à examiner. Il faut diviser ces chemins en deux classes : il y en a qui appartiennent au public, à la commune ; mais il y en a beaucoup d'autres qui ne sont pour ainsi dire que des servitudes, des concessions existant de temps immémorial entre tous les propriétaires riverains ; chacun a cédé une portion de la limite de sa propriété, et c'est ainsi que ces chemins ruraux ont été créés. Ceux-là ne sont pas publics, et la Cour de cassation l'a expressément déclaré. Ce ne sont que des servitudes conventionnelles qui se sont établies sans titres ; mais la prescription a consacré leur existence au profit de tous les propriétaires contigus. Pour cette catégorie de chemins, vous ne pourrez jamais faire contribuer les communes.

Tout à l'heure vous parliez d'un syndicat : il faudrait alors que le propriétaire voisin, de même que le propriétaire de la forêt, s'il doit se servir du chemin rural pour venir gagner la grande route, le chemin de grande communication, la route départementale, il faudrait, dis-je, que tous fussent assez raisonnables, assez amis de leurs intérêts pour se réunir, pour se syndiquer, afin de pourvoir à l'entretien de ce chemin qui leur est commun, mais qui n'appartient pas à la commune.

Quant à la vicinalité, elle est loin d'être faite encore en France. J'ai vu des départements où les chemins vicinaux doivent être de 7,000 kilomètres et où il n'y a que 2 à 3,000 kilomètres terminés. On veut achever d'abord les chemins de grande communication. Aussi, qu'est-ce que les conseils généraux ont fait ? Sur les centimes accordés par la loi de 1836, ils en ont appliqué trois aux chemins d'intérêt commun, et deux seulement aux communes. Ils se sont aussi généralement emparés de deux journées de prestation sur trois et n'en ont laissé qu'une aux communes, en s'ap-

— 14 —

puyant sur cette raison qu'il fallait d'abord pourvoir aux chemins les plus nécessaires. Voilà le grand mal !

M. Chevandier de Valdrôme. Je ne veux pas entrer à ce sujet dans une discussion qui se représentera quand nous arriverons aux questions de détail ; mais je veux seulement faire observer qu'en parlant des chemins ruraux, je n'entendais parler que des chemins d'utilité publique, et que je faisais une distinction entre ces chemins et ceux qui n'ont qu'un intérêt spécial.

J'arrive à la question qui sera traitée d'une manière très-pertinente par l'un de nous, et qui est relative à l'exagération des droits d'enregistrement.

C'est encore une question commune à toutes les propriétés, et je n'en dirai qu'un mot, parce que, bien que ce soit une cause générale, elle a pour nous, propriétaires forestiers, un intérêt spécial, en ce sens qu'elle nous constitue en état d'infériorité. Voici comment :

Un champ est couvert de la récolte qu'on enlèvera en automne ; un pré est couvert d'herbes qu'on fauchera une ou deux fois par an. Mais la propriété forestière n'est pas dans les mêmes conditions. Elle est couverte de récoltes qui s'accumuleront jusqu'au moment où elles pourront être coupées ; en d'autres termes, le rapport entre la valeur de la superficie et celle du fonds n'est pas le même pour la propriété agricole et pour la propriété forestière. Tandis que, pour la première, le fonds a toujours une valeur beaucoup plus grande que la superficie, le contraire a souvent et presque toujours lieu pour la propriété forestière. Aussi, quand nous nous trouvons en face de droits de mutation qui englobent l'ensemble de la propriété, l'agriculteur, lui, peut vendre son blé ou son herbe à quelqu'un et son fonds à une autre personne ; nous, propriétaires de forêts, nous avons une superficie qui ne peut se détacher immédiatement, et quand nous la vendons avec le fonds, elle se trouve frappée des mêmes droits que le fonds. Il en résulte, ou la nécessité de payer des droits considérables, ou celle d'arriver, par une opération quelquefois fictive, ou, ce qui est toujours fâcheux, quelquefois réelle, à vendre la superficie à une personne différente de celle qui acquiert le fonds. Quand l'opération est fictive, on prend un certain temps pour réaliser la superficie, on la réalise plus ou moins, on fait un acte qui n'est pas régulier, et on le colore en détruisant une partie de cette superficie. Quand, au contraire, l'opération est réelle, on détruit, par crainte de l'exagération des droits d'enregistrement, une superficie qu'il serait utile pour le nouveau propriétaire et pour la société elle-même de laisser fructifier plus longtemps, parce qu'elle donnerait un produit plus considérable, soit comme valeur, soit comme matière.

Il y a donc là pour la propriété forestière une question spéciale qui vient s'ajouter à toutes les plaintes de la propriété agricole contre les droits d'enregistrement.

J'ai voulu seulement, dans cette revue générale, signaler ce point, laissant à mes confrères le soin d'entrer dans les détails et de vous apporter des faits qui sont patents, et qui vous feront voir l'énormité des droits qui frappent trop souvent la propriété forestière.

Je passe à la question relative au régime douanier, et je cite tout d'abord ces deux faits, de nature à attirer votre attention : en 1847, l'importation des bois étrangers était de 60 millions; et, en 1863, cette importation s'est élevée à 150 millions.

Comme vous voyez, les besoins de la France vont croissant, et l'on aurait bien tort de pousser à la diminution, soit de la propriété forestière de l'État, soit de celle des particuliers, en les mettant dans de mauvaises conditions par rapport à l'importation. Mais nous demandons ce que demandent le plus grand nombre des sociétés d'agriculture : nous ne voulons ni une prohibition, ni même une protection contre l'importation étrangère ; nous désirons simplement être placés sur le pied d'égalité par un impôt léger, par un droit de 5 pour 100 par exemple, avec des matières qui, étant produites à l'étranger, n'ont pas acquitté en France tous les droits, tous les impôts divers que le fisc prélève sur nos propriétés.

M. LE PRÉSIDENT. Voulez-vous citer un exemple ?

M. CHEVANDIER DE VALDRÔME. L'importation a lieu en général pour des bois de service, soit de chêne, soit de sapin; nous demandons que ces bois, qui ont leurs similaires en France, soient frappés d'un droit qui pourrait être de 5 pour 100. Au surplus, la question sera traitée tout à l'heure d'une manière spéciale; je n'ai fait que l'indiquer, pour que la Commission puisse saisir l'aspect général des observations que nous avons à lui présenter.

J'en ai fini avec les causes générales, et je vais aborder maintenant les causes spéciales.

Les principales sont :

1° L'inégalité du régime des octrois ;

2° L'élévation des frais de transport sur les chemins de fer et les canaux ;

3° L'inégale répartition de l'impôt foncier ;

4° Les subventions spéciales pour les chemins vicinaux ;

5° L'inégalité dans la répression des délits.

Toutes ces causes spéciales reposent sur des faits constants, qui montrent avec quelle inégalité a été traitée la propriété forestière dans toutes ces questions de règlement intérieur.

Nous aurons aussi à examiner une question d'avenir, que je crois pouvoir désigner sous le nom de *crédit forestier*.

Un mot sur chacune de ces questions.

M. LE PRÉSIDENT. Entendez-vous comme remède à l'inégalité de l'impôt l'invitation faite au gouvernement de procéder à la rénovation du cadastre ?

M. CHEVANDIER DE VALDRÔME. Non, monsieur le président.

L'inégalité des octrois est un fait patent. C'est, du reste, ce que l'un de nos collègues se chargera de vous démontrer par des chiffres précis.

Je demande pardon à la Commission si nous sommes obligés d'entrer un peu dans les détails: mais les propriétaires forestiers de la France doivent s'efforcer de donner toutes les explications nécessaires dans cette enquête. On vous donnera donc des détails très-vrais, très-circonstanciés, desquels il résulte qu'en général les produits forestiers sont toujours plus frappés que les produits similaires qui viennent leur faire concurrence. En fait de produits similaires, nous avons comme combustible la houille, et comme matériaux de construction les fers et les fontes. Eh bien, soit que vous preniez la valeur réelle, soit que vous preniez la quantité nécessaire pour produire le même effet déterminé, les produits forestiers payent toujours, et presque partout, à l'intérieur, un droit beaucoup plus lourd et beaucoup plus fort que les droit similaires. Ce produit s'élève quelquefois, dans certains cas, à 30 et même 50 pour 100 de la valeur du produit qui est entré dans la ville, et il en résulte qu'on arrive à cette exagération que l'octroi perçoit sur certains produits forestiers plus que la part afférente au propriétaire. Evidemment il y a là une perception abusive, excessive, et c'est là une des causes principales de souffrance de la propriété forestière.

Lorsque nous arriverons à indiquer les remèdes que nous croyons utiles, nous demanderons que le Conseil d'Etat, qui est chargé d'homologuer les tarifs, ne consacre plus des inégalités aussi grosses et aussi injustes.

Cette question, je le répète, devant être traitée très en détail, je passe à celle des frais de transport sur les chemins de fer et les canaux.

Quand on prend les tarifs initiaux des chemins de fer, la même inégalité se produit : le bois est toujours frappé d'un tarif plus fort que les produits similaires. Je sais que, depuis l'établissement de ces tarifs, la plupart des compagnies, voyant qu'elles ne transportaient pas de bois, ont fait des réductions assez considérables, sans cependant établir la parité. Je m'empare de ce fait pour démontrer que notre réclamation est bien fondée, puisque ceux mêmes qui étaient en possession de ces tarifs, ont dû renoncer à les appliquer, à l'exception toutefois du chemin de fer du Nord. Je demande donc que, dans les tarifs à homologuer à l'avenir, le gouvernement n'admette plus cette différence, qui pèse si lourdement sur les produits de nos forêts.

Quant aux canaux, nous demandons aussi la suppression des droits de transport. Il y a longtemps qu'on a supprimé le péage sur les routes. Les agriculteurs, les industriels, les propriétaires forestiers, doivent se réunir pour réclamer comme une chose juste, avec les conditions nouvelles économiques faites à la France, la suppression de tous droits sur les canaux.

M. LE PRÉSIDENT. La suppression des droits de navigation, et, en tout cas, l'uniformité des tarifs, ont été généralement demandées partout dans l'enquête. On a dit, bien que cela ait été contesté quelquefois, que les canaux étaient des routes impériales comme les autres, et que, du moment où l'on ne payait pas sur les autres routes, les canaux devaient jouir de la même faveur.

L'autre jour, M. le ministre, répondant à un déposant, disait qu'il ne fallait pas considérer les canaux comme les autres routes, parce qu'ils coûtent beaucoup plus cher à l'Etat; il ajoutait que l'Etat, ne pouvant que très-rarement les faire par lui-même, les concédait la plupart du temps à des compagnies, en sorte que ce n'était qu'après un long temps qu'on pouvait arriver à les racheter.

M. Chevandier de Valdrôme. Si M. le ministre de l'agriculture était présent, je me permettrais, sans entrer dans la discussion, de lui faire observer que les droits payés sur les canaux produisent un très-mince revenu à l'État, que leur suppression ferait un bien énorme à tout le pays, à l'industrie comme aux possesseurs du sol, et que les facilités qui en résulteraient compenseraient, et au delà, la perte apparente que ferait l'État, par suite des transactions et des développements de tous genres qu'amènerait cette suppression.

M. Guilllaumin. Ces droits sont de 4,500,000 francs.

M. Chevandier de Valdrôme. J'arrive à la question de l'inégale répartition de l'impôt foncier. Elle a surtout son origine dans le mode adopté dans le principe par les commissions chargées de répartir l'impôt foncier au moment de l'établissement du cadastre. En fait, aujourd'hui, il y a certaines propriétés forestières qui payent 30 à 40 pour 100 de leur revenu net en impôt foncier. Il y a là évidemment une situation en opposition avec le principe que chacun doit payer l'impôt en proportion de son revenu.

Je n'entre dans aucun détail sur cette question difficile, qu'un de mes confrères, dont vous connaissez l'autorité comme jurisconsulte, M. Maulde, se chargera de discuter devant vous. Je me borné à appeler l'attention de la Commission sur ce fait et je pose cette question : peut-on et doit-on réformer ce dont nous nous plaignons ? Pour ma part, je le crois.

Nous avons déjà présenté au Sénat plusieurs réclamations, soit comme Société forestière, soit comme particuliers lésés. Ces pétitions ont été écartées; mais devaient-elles l'être, alors que ces mêmes réclamations formulées au nom de la liste civile avaient été suivies d'effet? On vous citera des forêts de la liste civile pour lesquelles le revenu imposable a été réduit, depuis ces dernières années, dans une proportion considérable à la suite de réclamations que je reconnais bien fondées. Si la liste civile peut obtenir justice, nous particuliers, nous devons pouvoir aussi l'obtenir, car en France la justice est égale pour tous.

Je signale seulement ce fait à la Commission, parce qu'il donnera d'autant plus de poids aux questions juridiques, quand elles seront traitées par M. Maulde.

Je passe à la question des subventions spéciales pour l'entretien des chemins vicinaux, c'est-à-dire à l'application de l'article 14 de la loi du 31 mai 1836. Cet article assimile les forêts aux carrières et aux exploitations industrielles. Il y a là une assimiliation qui ne me paraît pas fondée, si l'article doit s'appliquer exactement aux forêts comme aux carrières ou aux usines.

Qu'est-ce que la forêt ? Une propriété agricole comme le pré, le champ ou le verger, elle paye son impôt principal, elle paye ses centimes additionnels, elle contribue et dans une certaine proportion autant que le champ à l'acquit des prestations, puisque, d'une part, le voiturier qui habite à côté de la forêt entretient ses équipages en faisant les charrois de bois pendant la moitié ou le tiers de l'année, et en se chargeant le reste du temps des labours et du transport des produits agricoles; et, d'autre part, que l'ouvrier, le manœuvre qui est occupé tout l'hiver en forêt y trouve autant les ressources qui assurent sa vie et celle de sa famille que dans le travail des champs, auquel il s'emploie pendant l'été.

Donc la forêt, comme toutes les autres propriétés, contribue indirectement à l'acquittement des prestations et directement à tous les impôts, soit en principal, soit en centimes additionnels. Elle a donc le même droit que la propriété agricole ordinaire à trouver des chemins faits. On a objecté qu'une forêt régulièrement aménagée entraînait le transport de produits accumulés; mais cette objection tombe d'elle-même. Si ma forêt est divisée en vingt-cinq coupes, et si chaque année j'en coupe un vingt-cinquième, je transporte chaque année une portion de ma superficie correspondante à la production annuelle de la superficie tout entière. Si la commune et le département me doivent des chemins pour mes blés et mon herbe, ils me les doivent aussi pour les arbres de ma forêt, qui a payé les mêmes charges.

La forêt ne doit donc pas pour ses coupes ordinaires payer de subventions spéciales; et cependant dans presque tous les départements on les lui impose, parce que les propriétaires forestiers n'ont pas voulu ou n'ont pas su se défendre. J'avoue humblement que je paye moi-même comme si les produits de nos forêts n'étaient pas assimilables aux autres produits du sol.

Cependant certains propriétaires se sont défendus; ils ont porté leurs protestations devant les conseils de préfecture, soit sur le fond même des subventions qu'on leur réclamait, soit sur le défaut de formes légales pour l'établissement de ces subventions.

Les conseils de préfecture ont repoussé leurs demandes. Ils se sont adressés au *Conseil d'État, et ceux de mes confrères qui ont étudié la question et fait prévaloir les vrais principes vous donneront à cet égard des détails très-circonstanciés et très-précis.*

Toujours est-il que, dans un certain nombre de cas, des arrêts du Conseil d'État sont venus réformer ce que l'application de la loi de 1836 avait d'abusif.

Faut-il donc que les particuliers eux-mêmes soient obligés de venir ainsi se défendre? Doit-il être possible d'appliquer une loi d'une manière injuste? Non, et je crois qu'il y a là quelque chose à faire. Il faut qu'on n'applique la loi que dans ce qu'elle peut avoir de juste, ou qu'on la modifie si ses termes sont trop généraux.

Des esprits très-sages, qui ont approfondi cette question, en sont arrivés à soutenir que, même en cas d'une exploitation extraordinaire, la masse des produits accumulés pendant de longues années a payé la totalité des impôts. Si la question venait à être résolue conformément à cette opinion, soutenue par un grand nombre de propriétaires forestiers, l'article 14 de la loi devrait être complétement réformé.

Si au contraire, on juge qu'une coupe extraordinaire, qui fait disparaître la plus grande partie ou la totalité de la superficie d'une forêt est un acte industriel, il y aurait en tous cas lieu de rendre la loi plus claire ou au moins d'en modifier l'application.

M. le Président. Il n'y a pas là une question spéciale ; elle s'applique à d'autres produits, à des produits ruraux. Ce n'est pas que je veuille vous donner tort ; au contraire, je trouve qu'il y a une sorte de justice dans ce que vous demandez, et je crois que cela ne doit pas être limité aux produits forestiers. Voici, par exemple, une sucrerie : elle s'approvisionne de betterave dans tous les environs ; les cultivateurs ont passé avec elle des marchés, par lesquels ils s'obligent à employer tant d'hectares à cette culture. La betterave donne à peu près 50,000 kilogrammes à l'hectare, et se paye ordinairement 20 francs les 1,000 kilogrammes, rendus dans la cour de l'usine. C'est bien un produit rural que la betterave. Eh bien, c'est la fabrique qui va payer la subvention industrielle, et c'est ainsi que le conseil d'Etat l'a décidé, malgré les réclamations nombreuses des départements dans lesquels se fabrique le sucre indigène. Vainement le cultivateur a-t-il dit : « La betterave est un produit naturel, je la conduis à l'usine comme je conduis mon blé au moulin quand je veux de la farine ; et cependant c'est moi qui, par le fait, paye la subvention : car celui qui m'achète la betterave règle son prix en conséquence, et cela retombe sur moi. »

L'hectare de betterave produisant, comme je l'ai dit, 50,000 kilogrammes, qui rendent 5 pour 100 de sucre, soit 2,500 kilogrammes, ces 25,000 kilogrammes, imposés sur le pied de 45 francs les 100 kilogrammes, payent 1,125 francs. Ainsi, en dehors de la somme de 15 ou de 18 francs, suivant la nature de la terre, et en dehors de l'impôt foncier et des centimes additionnels, un hectare de betteraves paye encore 1,125 francs à l'Etat, sans compter la subvention industrielle.

Vous voyez donc, ainsi que je le disais en commençant, que la question n'est pas spéciale aux forêts et qu'elle se généralise.

M. Chevandier de Valdrôme. Je connais bien la question relative à la betterave : tous les ans, mon collègue au Corps législatif, M. le marquis d'Havrincourt, la soulève à l'occasion du budget.

Je passe à la question de l'inégalité dans la répression des délits, et, encore ici, je ne ferai qu'effleurer ce point qui sera tout à l'heure traité *in extenso*.

Les forêts ont été, par un singulier préjugé, dont M. le ministre d'Etat et des finances voulait bien reconnaître avec moi, il y a quelques jours, le peu de fondement, considérés comme une espèce de propriété spéciale. Autrefois, elles appartenaient à de grandes corporations religieuses, à des familles nobles, puissantes ; c'était le seigneur qui était propriétaire de la forêt, et l'on s'était habitué à ne pas considérer, au point de vue de la loi et des délits, la propriété forestière comme une autre.

Aujourd'hui que ces grandes personnalités ont disparu en partie, les bois sont devenus la propriété de tout le monde, et alors on s'est aperçu par de fâcheuses épreuves de l'inégalité qui leur est faite quant aux délits, inégalité qui, je ne crains pas de le dire, est une injustice flagrante. Comment ! on coupera un pommier dans mon verger, et ce sera un acte très-condamnable, et si l'on coupe dans ma forêt un chêne, qui a une plus grande valeur, on commet un délit bien moins grave. Celui qui prend mon blé fait un vol, tandis que celui qui coupe mon bois et qui l'emporte ne commet qu'un simple délit? Il ne commettrait le vol que s'il emportait mon bois après que j'aurais pris la précaution de le couper moi-même auparavant.

Ainsi, l'acte est d'autant plus grave aux yeux de la loi qu'il est moins nuisible au propriétaire. Car si j'ai fait une coupe, j'ai choisi le bois bon à être coupé; en me le volant, c'est une partie de mon bien que vous me prenez, tandis qu'en détruisant des arbres compris dans une partie de ma forêt que je voulais réserver au point de vue d'un bon aménagement, vous m'avez enlevé la même quantité de matière, mais une matière qu'il était utile et nécessaire de conserver. Je le répète, l'acte de déprédation est ainsi d'autant moins coupable aux yeux de loi qu'il est plus nuisible au propriétaire. On ne comprend vraiment pas qu'en 1867 on en soit encore à ne pas considérer le vol fait dans une forêt comme un vol commis partout ailleurs.

Examinons maintenant la loi dans ses applications et voyons ce qui en résulte.

Tandis que les gardes champêtres et les autres agents de la force publique protégent toutes les propriétés particulières, il faut que moi, propriétaire forestier, je défende ma propriété par des gardes spéciaux. Il est vrai qu'en 1859, si je ne me trompe, pour diminuer cette espèce d'injustice et d'inégalité, une circulaire de M. le garde des sceaux a dit que les gardes champêtres et les gendarmes pourraient verbaliser dans les forêts particulières. Mais cette circulaire est restée une lettre morte, parce que si les gendarmes et les gardes champêtres exécutaient ses prescriptions, les maires diraient à ceux-ci et l'officier de gendarmerie à ceux-là : « Vous perdez votre temps, vous n'êtes pas payés pour cela ; pendant que vous courez pour faire plaisir à Pierre ou à Paul, le service public et la police ne se font pas, les champs ne sont pas gardés ! »

Aussi, cette faculté est restée une lettre morte.

De même, quand un délit est constaté et que nous arrivons devant le juge, si l'on m'a volé dans les champs, le parquet poursuit d'office : car il s'agit d'un crime commis contre la société. Si cela s'est passé en forêt, à moins qu'il ne s'agisse d'un vol de bois déjà coupé et destiné à la vente, il faut que ce soit le propriétaire qui poursuive, à ses risques et ses périls, avec toutes les difficultés qui se présentent et en n'obtenant pour la répression que des peines pécuniaires seulement.

C'est là une position injuste et très-difficile, qui met la plupart des propriétaires forestiers dans l'impossibilité d'agir.

Je dois dire cependant qu'à cette même époque de 1859, à la suite de réclamations nombreuses de la Société forestière, alors présidée par mon honorable prédécesseur M. le comte de la Riboisière, le ministre de la justice, par une circulaire, a autorisé les chefs de parquets à poursuivre d'office les délits forestiers commis dans les propriétés particulières ; mais cette circulaire ne s'applique pas plus que l'autre : elle est restée, elle aussi, une lettre morte, et les parquets, quand on s'adresse à eux, ne font rien. Je sais bien qu'ils peuvent dire qu'il ont à apprécier la moralité ou la réalité du fait ; mais constamment, à la suite de procès-verbaux qu'ils refusent de poursuivre, nous obtenons une condamnation en poursuivant nous-mêmes : nous nous trouvions donc, malgré leur refus, exactement dans le cas prévu par le ministre de la justice.

Comme on tend à réduire autant que possible les frais de la justice criminelle, et cela pour des causes qu'il n'est pas utile d'expliquer ici, en fait, le concours du parquet et du ministère public nous fait constamment défaut, de sorte que, soit pour la surveillance, soit pour la répression, les propriétaires forestiers sont dans un état d'infériorité complète vis-à-vis de toutes les autres propriétés.

On dit à cela : Que voulez-vous ! les délinquants sont de pauvres gens qui vont à la forêt chercher un peu de bois pour se chauffer et pour faire cuire leur dîner et celui de leurs familles : peut-on les assimiler à des voleurs ?

Cela n'est pas sérieux, au moins dans le plus grand nombre des cas. Les propriétaires forestiers savent que, presque toujours, les délinquants forestiers sont des maraudeurs de profession et qu'ils n'ont pas d'autre occupation. L'homme qui vole du bois, comme l'homme qui vole du gibier ou du poisson, est en général un paresseux, un mauvais sujet qui en fait son état ; il va couper du bois, pour le vendre, pour en faire des balais ou des cercles. C'est un métier comme un autre, qui est devenu lucratif, facile et commode, grâce à la situation dans laquelle on a placé le propriétaire forestier.

Faites disparaître cette inégalité dans la répression, ce métier disparaîtra et l'un des maux dont nous souffrons le plus disparaîtra aussi.

M. LE PRÉSIDENT. A propos de vols commis dans les bois, vous établissez la différence qu'il y a dans le vol, suivant qu'il s'agit de bois coupé ou de bois non coupé.

Vous pourriez ajouter que, dans le dernier cas, celui qui commet le vol, obligé d'employer des haches ou d'autres instruments, a beaucoup plus de difficultés à surmonter et montre bien plus d'audace.

Cependant, permettez-moi de vous faire observer que cette différence dans le caractère du délit n'est pas spéciale au bois, et qu'il en est de même pour tous les biens ruraux. Ainsi, voilà des trèfles : si on les vole, c'est un vol de récolte commis dans les champs, et puni par l'article 388 du Code pénal. Si, au contraire, on va faucher la luzerne de son voisin et qu'on l'emporte, il n'y a là qu'une contravention rurale qui est punie par la loi du 6 octobre 1791, comme maraudage.

M. CHEVANDIER DE VALDRÔME. Cela est, selon moi, tout aussi injuste que ce que j'ai signalé pour le bois.

M. LE PRÉSIDENT. Je ne dis pas que cela soit juste ; mais vous en faisiez un cas spécial pour les bois, et j'ai voulu constater que cette législation s'appliquait à beaucoup d'autres délits ruraux.

M. Larrabure. Il faut que la réforme porte sur les deux cas.

M. le Président. C'est aussi mon opinion.

M. Chevandier de Valdrôme. Il y a cependant une différence. Si je vais faucher le trèfle de mon voisin, il est bien évident que, à moins que son intention ne fût de le laisser pourrir sur pied, ce voisin, quinze jours ou un mois plus tard, l'eût fauché aussi bien que moi. J'ai donc commis un acte de maraudage sur une récolte destinée à être recueillie dans l'année. Mais si je coupe une charge de bois dans un taillis de dix ans, qui ne doit produire utilement qu'à l'âge de quinze ou vingt ans, je détruis une chose qui n'est pas mûre, et je cause au propriétaire de la forêt un dommage bien plus considérable que celui causé au propriétaire du champ de trèfle; il peut exister tel cas où cette dépradation portant sur un gaulis, y fait une trouée considérable, en sorte qu'il y aura non-seulement la destruction d'une chose non encore arrivée à maturité, mais qu'on aura donné prise au vent pour les portions voisines de la forêt, et qu'une rafale survenant le lendemain ou les jours suivants jettera peut-être par terre une partie de la forêt qui n'aurait pas été touchée. Cet acte de maraudage est donc plus grave pour le propriétaire d'une forêt que pour celui d'un champ. Comme espèce, il n'y a pas de différence; comme résultat, il y en a une : c'est ce qui peut me faire excuser si j'avais commis quelque confusion.

M. le Président. Voici encore un point sur lequel je vous ferai une observation.

Vous dites : « On nous oblige, nous propriétaires de forêts, à poursuivre à nos frais les délits dont nous sommes victimes pour obtenir quoi ? une condamnation pécuniaire au profit de l'Etat ; quant à nous, si nous obtenons des dommages-intérêts ou des restitutions, la plupart du temps nous avons hypothèque sur l'honneur de gens qui n'en ont pas, qui n'ont rien, et là où il n'y a rien, le roi perd ses droits ! »

C'est une chose très-grave, cela, parce qu'il faudrait presque établir un ministère public spécial pour les délits forestiers. Les gouvernements qui se sont succédé et toutes les listes civiles en ont reconnu la nécessité ; ils ont compris que ces attributions ne pouvaient pas être confiées aux parquets, à cause du nombre considérable des délits de ce genre, en sorte que les parquets seraient obligés d'y consacrer tout leur temps.

J'ai été moi-même avocat et j'ai assisté autrefois, en cette qualité, à des audiences forestières. Elles ont lieu, comme vous le savez, une fois par mois, et ce n'est pas le ministère public qui poursuit, mais un garde général, un inspecteur ou un sous-inspecteur, qui vient lui-même à l'audience, après avoir fait délivrer les citations, et qui donne ses conclusions; le ministère public n'est là que partie jointe.

Pour la liste civile, c'est la même chose. Ce sont ses agents forestiers qui poursuivent eux-mêmes, et viennent à l'audience. J'ai vu très-souvent une audience forestière se composer de cinq à six cents causes.

Si l'on chargeait le ministère public de poursuivre les délinquants forestiers, je ne sais s'il pourrait en venir à bout.

M. Guillaumin. Oui, car les délits diminueraient.

M. le Président. Il faudrait, pour pourvoir à ces délits, un ministère spécial. Voyez ce qui se passe à propos d'une contravention de chasse.

On a établi une exception pour les délits commis sur une propriété particulière. A moins qu'il ne s'y joigne l'escalade, l'effraction ou la révolte et des insultes contre un garde, le ministère public ne poursuit pas d'office ; on laisse agir le propriétaire.

Dans toutes ces questions, c'est la possibilité qu'il faut considérer. Je ne dis pas qu'il n'y ait pas, au sujet des délits forestiers, une inégalité et une injustice, mais est-il possible qu'il en soit autrement ?

Vous nous signalez ce point comme une des souffrances de la propriété forestière. Nous ne vous demandons pas d'indiquer seulement les causes de souffrance, mais les mesures qui seraient possibles pour y remédier.

M. Chevandier de Valdrôme. Je demande la permission d'ajourner la discussion jusqu'au moment où nous prendrons toutes ces questions les unes après les autres. Je me borne, quant à présent, à faire observer que, pour la chasse, il n'y a pas d'inégalité : le ministère public ne poursuit pas plus le délit de chasse commis dans un champ que celui commis dans une forêt ; à cet égard, la propriété rurale et la propriété forestière sont placées dans des conditions toutes pareilles. Pour les délits commis sur les propriétés, il n'en est pas de même : tandis que le ministère public poursuit les délits commis dans les champs, il ne poursuit pas ceux commis dans les forêts. J'avais donc raison de dire que nous sommes sous ce rapport dans une infériorité relative.

Quant à la question de possibilité, je ne m'en suis pas occupé : je n'ai pas sur ce point des connaissances spéciales comme certains de mes collègues.

M. le Président. Je ne vois qu'un moyen, ce serait de déclasser les délits.

Au lieu de laisser au tribunal d'arrondissement le soin de juger les délits commis dans son ressort, j'aimerais mieux qu'on déclassât les délits forestiers et qu'on en fît des contraventions, qui seraient portées devant les justices de paix, parce qu'alors, la masse des affaires se trouvant répartie entre tous les juges de paix, la justice serait plus prompte, et, peut-être même, pourrait-elle être rendue à la requête d'un ministère public spécial.

M. Chevandier de Valdrôme. Si vous le permettez, monsieur le Président, nous laisserons la discussion sur ce point spécial à deux de mes collègues : M. Gallois, conseiller honoraire, et dont le nom a marqué dans la magistrature, et M. Maulde, avocat à la Cour de cassation, qui a déjà publié dans un journal le résultat de ses études à ce sujet.

Je n'ai plus, dans mon exposé général, qu'une question à traiter ; elle s'applique à des faits futurs plutôt qu'à des faits actuels ou passés : je veux parler du crédit agricole.

La commission qui a été chargée d'élaborer le projet de loi sur le crédit agricole paraît, si nous sommes bien renseignés, avoir établi une différence considérable entre la propriété forestière et la propriété agricole, au point de vue de la possibilité de l'engagement de la superficie. Ainsi, tandis que l'on admet d'une manière générale la possibilité de donner comme gage la superficie agricole, on n'admettrait cet engagement de la superficie forestière que pour la forêt régulièrement aménagée, et pour la coupe qui vient en tour d'exploitation. Je dis qu'il y a là une très-grande différence. La superficie forestière se compose de choses qui doivent être récoltées successivement. Si vous ne m'autorisez à donner comme gage que la superficie de la coupe qui vient en tour d'exploitation, je n'ai qu'une ressource pour ainsi dire illusoire : car je puis vendre cette coupe à l'avance. Ce qui constituerait un crédit agricole sérieux, ce serait la possibilité d'engager toute la superficie. En me défendant de l'engager, vous me mettez dans une position bizarre : vous voulez me protéger, c'est vrai — et c'est peut-être un peu la tendance exagérée de l'esprit français de vouloir toujours protéger et toujours mettre des lisières aux hommes dans l'exercice de leurs facultés — vous voulez, dis-je, me protéger et m'empêcher de me ruiner, en ne me donnant pas la facilité de mettre en gage la superficie de ma forêt ; mais tandis que vous m'empêchez de le faire, vous ne me défendez pas d'abuser de ma propriété, de la vendre, d'en dissiper le prix, de la couper même avant qu'elle ne soit mûre et de faire disparaître à mon détriment et au détriment de la société cette superficie. Vous permettez l'abus et vous défendez l'usage ! A quel résultat arriverez-vous ? Vous pousserez à l'abus, et tel propriétaire qui aurait évité la vente de sa propriété et la ruine, en engageant la superficie, sera réduit à la raser tout entière avant qu'elle ne soit mûre, parce qu'il n'aura pas la faculté de l'engager pour se procurer l'argent dont il aura besoin.

Ce projet de loi consacrerait entre la propriété forestière et la propriété agricole une inégalité sur laquelle nous appelons votre attention.

J'ai terminé l'exposé de l'ensemble des points qui ont été le sujet d'un examen approfondi de la part de la Société forestière.

Je remercie la Commission de la bienveillante attention qu'elle a bien voulu m'accorder.

Je voulais faire un résumé et je crois n'avoir fait qu'un résumé ; mais le sujet m'a entraîné à dépasser les bornes que je m'étais imposées, et je crains d'avoir été peut-être un peu trop long.

Si la Commission le permet, toutes ces questions seront reprises en détail par les délégués de la Société forestière, spécialement chargés de les exposer devant elle avec les développements qu'elles comportent, et si nous ne pouvions terminer dans cette séance, nous nous mettons à sa disposition pour le jour et l'heure qu'elle jugera convenables.

M. le Président. Nous allons continuer la séance autant que le temps nous le permettra, et nous fixerons ensuite le jour où vous pourrez terminer vos dépositions.

La parole est à M. le vicomte d'Aboville.

M. le vicomte d'Aboville. Je suis chargé de traiter spécialement la question de l'augmentation de la main-d'œuvre en France. Cette augmentation a été signalée partout dans l'enquête agricole, et l'on peut dire qu'elle pèse tout particulièrement sur les grands centres forestiers. En effet, les masses principales des bois qui existent en France se trouvent surtout dans les départements reculés, dans les pays de montagnes, où les voies de communication faciles manquent le plus, où la vie nouvelle a encore très-peu pénétré.

Jusque dans les derniers temps, la main-d'œuvre y était restée à bas prix; mais depuis que les chemins de fer ont permis aux populations rurales de se déplacer avec facilité, l'effet de ces émigrations a été beaucoup plus sensible dans ces pays reculés que dans les parties de la France plus civilisées et plus rapprochées des grands centres de population.

C'est surtout dans les pays forestiers où le bûcheron travaille une grande partie de l'année dans la forêt que le prix de façon des bois a augmenté.

En voici quelques exemples, en commençant par les pays les plus voisins de Paris :

Dans le département de Seine-et-Oise, dans les forêts de l'Isle-Adam et de Carnelle, la façon de 1 stère de moulée, qui en 1846 était de 85 centimes, se paye en 1866 1 franc. Le prix de façon de 1 stère de bois à charbon, qui était en 1846 de 70 centimes, est de 80 centimes en 1866; celui de 100 bourrées, qui en 1846 se payait 2 fr. 50 c., se paye aujourd'hui 4 fr. 50 c., c'est-à-dire à peu près le double.

Si nous nous éloignons de Paris, dans les forêts de Saint-Fargeau ou Puisaye, le prix de façon de 1 stère de moulée était en 1846 de 43 centimes, il est de 55 centimes en 1866.

Celui de 1 stère de bois à charbon a varié, entre ces deux époques, de 33 à 50 centimes; le prix de façon de 100 bourrées a monté de 1 franc à 1 fr. 50 c., c'est-à-dire du tiers.

Dans les forêts du haut Morvan, qui envoient à Paris la plus grande partie du bois qu'on y brûle, les prix de façon de 1 stère de moulée, variables suivant les difficultés de l'exploitation, étaient en moyenne de 48 centimes en 1846, et ils sont en 1866 de 80 centimes; pour le bois à charbon, la différence aux deux époques est de 46 à 70 centimes; enfin, le prix de façon des 100 bourrées est monté de 1 fr. 15 c., qu'il était en 1846, à 1 fr. 75 c. en 1866.

Pour un millier pesant d'écorces, qui équivaut à 25 bottes, on payait 6, 7, 8 francs, il y a vingt ans; aujourd'hui, on paye de 11 à 15 francs, soit à peu près le double. Pour la façon d'une paire d'étais, en 1846, 15 centimes; en 1866, 25 centimes.

M. le Président. Aujourd'hui, les écorces sortent librement de France; il n'en était pas de même anciennement.

M. le vicomte d'Arbouville. Oui, elles payaient autrefois un droit de sortie; mais par suite de l'augmentation considérable de la main-d'œuvre qui pèse sur le marchand d'écorces, les propriétaires forestiers ne se sont pas beaucoup aperçus des facilités d'exportation qu'on a données à ce produit.

Je pourrais multiplier les chiffres que je viens de citer; mais nous n'avons pas des renseignements pour toutes les parties de la France. Je crois que ceux que nous venons de citer suffisent.

A ce renchérissement général de la main-d'œuvre en France, dû en partie, je le sais, à la diminution de valeur des métaux précieux depuis l'exploitation des mines de la Californie et de l'Australie, souvent on allègue pour motif le renchérissement de la vie. Je crois qu'il n'y a pas eu proportion entre l'un et l'autre, et je répondrai à cet argument par un fait personnel. A Malesherbes, où la façon des bourrées a presque doublé depuis 1848, un de mes fagoteurs me disait, il y a cinq ans : « Le fagotage est un travail pénible, on n'y gagne rien ; nous l'augmenterons de prix jusqu'à ce qu'il ne reste plus rien pour vous. »

Telle est, je crois, l'aspiration générale des ouvriers en France : supprimer la rente du capital. Privés des croyances religieuses qui ennoblissaient le travail, ils ne s'arrêteront, dans la demande d'accroissement de leurs salaires qu'à la limite où la valeur de l'objet produit se trouverait absorbée.

Or, celui qui m'exprimait si franchement cette espérance est mon locataire ; il loue sa maison, rebâtie et améliorée, 40 francs de plus seulement qu'il y a vingt ans ; il achète, il est vrai, 60 centimes au lieu de 40 le peu de viande qu'il consomme ; mais il paye le blé moins cher, le vin et les vêtements le même prix qu'alors.

La vraie cause du renchérissement de la main-d'œuvre agricole, c'est la diminution de l'offre, l'augmentation dans la demande. En même temps que la fécondité des mariages parmi les populations rurales diminuait rapidement avec l'influence de l'enseignement chrétien, que le travail à la journée et à l'année devenait moins productif par suite des idées nouvelles, les travailleurs, jeunes et actifs, étaient enlevés au village par les grands travaux des chemins de fer et des villes. Or, on ne peut ôter au paysan la liberté de se faire citadin. Il faut donc lui ôter la tentation de le devenir.

Je passe sur ces considérations qui ont dû être présentées.

Maintenant, dirai-je quelque chose des causes de la dépopulation des campagnes, dont il a été question dans toutes les enquêtes départementales ? Il n'en a pas été parlé dans les délibérations de la Société forestière. Aussi, c'est plutôt en mon nom personnel que je demande la permission de signaler une cause de dépopulation sur laquelle on n'a peut-être pas assez insisté. Pourquoi quitte-t-on les campagnes pour se rendre dans les villes ? C'est apparemment qu'on s'y trouve moins bien qu'autrefois. Or, du haut en bas de l'échelle sociale, toutes les classes de la population ont des raisons qui expliquent cette préférence. On reproche à beaucoup de propriétaires leur *absentéisme* ; c'est qu'il n'y a guère qu'en France qu'ils recherchent autant les fonctions publiques. Puis, le séjour à la campagne leur devient de moins en moins agréable par suite d'une foule de causes que l'on sait : la guerre de frontières qu'ils ont à soutenir contre leurs voisins, les difficultés fréquentes que soulèvent quelquefois des administrations locales tracassières, et surtout la diminution de l'influence qu'un homme intelligent peut prétendre exercer autour de lui, et qui va toujours baissant, surtout depuis le suffrage universel. C'est une question qui touche à la politique, et je n'y insiste pas, mais cela explique pourquoi les propriétaires s'absentent souvent, et les justifie jusqu'à un certain point.

Quant aux ouvriers, on a dit que le principal motif qui leur fait quitter le village, c'est qu'ils vont chercher dans les villes des salaires plus élevés. Les chemins de fer facilitent les émigrations par la rapidité des déplacements ; en outre, la perte des vieilles mœurs y a aussi contribué beaucoup. J'entends dire tous les jours : Nous allons à la ville, où nous aurons une vie plus douce, un travail moins rude et mieux payé. Là seulement, nous pourrons faire fortune. Cela est vrai en apparence, et, de plus, la monotonie de l'existence dans les campagnes en éloigne encore les habitants. Autrefois, chaque fête religieuse était une fête pour les populations. Aujourd'hui les choses ont changé. Dans une zone qui va toujours en s'agrandissant autour de la capitale, on travaille le dimanche matin, et dans l'après-midi les hommes n'ont pas d'autre distraction que celle d'aller au cabaret, et il n'y a plus dans la vie des champs ni fêtes, ni distractions, ni plaisirs.

A Paris, au contraire, et dans les grandes villes, les agréments de la vie pour l'ouvrier vont croissant avec son bien-être ; on y crée de magnifiques jardins, et les ouvriers y jouissent gratuitement de distractions de tout genre. Il n'est pas étonnant qu'ils y viennent, espérant y gagner plus, y avoir la vie plus agréable et y trouver des secours mieux assurés en cas de chômage ou de maladie. Les institutions d'assistance sont bien plus difficiles à organiser dans les campagnes. Des personnes généreuses ont fondé depuis longtemps, dans la plupart des villes, des hospices qui fonctionnent exclusivement au profit de leurs habitants. Si un campagnard, au contraire, tombe malade, il ne peut être soigné chez lui; il y a bien, dans certains départements, une assistance médicale, organisée avec des remèdes gratuits ; mais on ne sait pas employer ces remèdes, et le paysan a plus de chance d'être bien soigné s'il se rend à la ville voisine; il est vrai que pour cela il faut qu'il paye 1 franc par jour.

M. LE PRÉSIDENT. C'est ordinairement la commune qui paye.

M. LE VICOMTE D'ABOVILLE. En effet, c'est la commune qui devrait payer ; mais c'est ce qu'elle ne fait jamais.

Toutes ces circonstances expliquent l'émigration dans les villes. Les remèdes sont assez difficiles à appliquer. En général, ces causes ont un côté politique ; s'il est vrai, comme je le crois, qu'elles remontent à nos révolutions et surtout aux idées de 1848, il faudrait remonter un courant qu'on a descendu et qu'on descendra encore ; mais je ne veux pas insister sur cette question. Il me suffira de dire qu'on pourrait développer dans les campagnes des institutions d'assistance, s'efforcer d'y conserver les vieilles mœurs, et moins travailler qu'on ne le fait au bien-être et aux distractions des habitants des villes. Non pas, certes, qu'en eux-mêmes je considère les travaux des villes comme une mauvaise chose, lorsqu'ils sont utiles et que les villes peuvent les payer sans s'obérer ; mais le revers de la médaille, c'est qu'ils ont pour résultat de faire déserter les campagnes et d'atteindre ainsi l'une des principales sources de la grandeur de la France.

M. DE BÉHAGUE. Il faudrait, comme cela se fait dans les grandes villes, dispenser les campagnards de l'impôt au-dessous d'un certain chiffre de location. Il y a des malheureux qui ne gagnent que 1 fr. 50 c. et qui sont assujettis à payer un impôt personnel et mobilier. Cela n'arrive jamais à Paris.

M. LE VICOMTE D'ABOVILLE. En cas de famine, le pain y est aussi plus cher que dans les villes; pendant plusieurs années de disette, on n'a payé à Paris le pain que 15 centimes la livre, alors qu'il coûtait 20 et 25 centimes dans les campagnes.

M. LE PRÉSIDENT. Ajoutez que les besoins du luxe pour les familles demeurant dans les grandes villes les ont conduites à avoir une domesticité beaucoup plus nombreuse, et que dans telle maison où autrefois une cuisinière suffisait, on a maintenant une femme de chambre et un domestique. Le nombre des individus nécessaires pour la domesticité dans les villes est une des causes de l'abandon des campagnes.

M. LE VICOMTE D'ABOVILLE. C'est, en effet, ce que recherchent le plus les gens de la campagne. Il ne se passe pas d'année où je n'apporte à Paris plusieurs demandes de jeunes gens, sortant des écoles primaires et des mieux élevés, qui me prient de leur chercher des places comme domestiques. Il en est de même partout. Les jeunes gens s'en vont à la ville, parce qu'ils s'y amusent davantage; les femmes y vont en disant : « Nous ne voulons plus de *bricole* » (c'est ainsi qu'elles appellent le travail des champs).

M. LE PRÉSIDENT. J'ai constaté ce fait dans mon rapport. Cela tient à ce que l'instruction primaire n'est pas dirigée vers les choses des champs. Quand on a donné à un enfant dans une école primaire une très-belle écriture calligraphique, qu'on lui a appris très-bien l'orthographe, quand il a un certain goût pour les livres, cet enfant, qui en sait quelquefois plus que ses parents, apprend à les mépriser; il veut être clerc d'huissier ou clerc de notaire, parce qu'avec ce qu'il sait il ne veut pas tenir les deux manches d'une charrue.

M. LARRABURE. Tout le monde sait cela; mais c'est le remède que l'on cherche.

M. LE PRÉSIDENT. Il est difficile à trouver.

M. CHEVANDIER DE VALDRÔME. Je demande à ajouter un mot pour rappeler à la Commission ce que j'ai dit dans mon exposé général, à savoir qu'une des grandes causes de la dépopulation des campagnes vient de l'interdiction du mariage pour les soldats de la réserve. Je ne saurais trop insister sur ce point, et dans le cahier que j'ai remis à l'enquête agricole de mon département en ma qualité de président du comice agricole de Sarrebourg et comme membre du conseil général, j'ai déjà signalé cette cause qui agit de différentes manières. D'un côté, il est évident que, quand le mariage ne peut avoir lieu, la reproduction régulière de l'espèce humaine est entravée. Mais à côté de cela se place un grand inconvénient. Tous ces jeunes hommes de la réserve, qui sont dans la force de l'âge et qui vivent au milieu des campagnes, ont des passions que nous avons tous connues nous-mêmes, et vous les poussez au désordre par l'impossibilité où vous les mettez de se marier. L'effet qui en résulte est déplorable, et je vais essayer de vous le démontrer. Quand un garçon a mis ce qu'on appelle dans nos villages une jeune fille dans l'*embarras*, je demande pardon de la trivialité du mot, il se trouve en face du père, de la mère, des sœurs, frères et cousins de cette fille. Tous ces gens-là sont pour lui autant de reproches perpétuels, toujours présents et quelquefois très-violents, qui s'adressent à lui partout.

Pendant les exercices de la réserve, il a passé un certain temps à la ville, trois mois, six mois, un an quelquefois. Il y a appris qu'on y trouve de l'ouvrage et de bonnes journées, qu'on peut s'y distraire, d'une manière peut-être moins pure et plus dangereuse, mais dangereuse d'une façon différente. Il fuit la réprobation qui l'entoure à la campagne et retourne à la ville ; de sorte que cette interdiction a pour résultat, non-seulement d'empêcher dans des campagnes des mariages qui augmenteraient normalement et régulièrement la population, mais encore de rejeter vers la ville l'homme qui fuit la conséquence d'une faute, excusable à son âge, par l'impossibilité où on l'a mis de se marier.

Voilà l'une des causes principales de la diminution de la population, de l'abandon des campagnes par une partie des jeunes hommes de la réserve. Si j'insiste, c'est que je crois que cette cause ne saurait trop être mise sous les yeux du gouvernement, afin que, dans la loi nouvelle sur l'organisation de l'armée, on rende le mariage aussi facile que possible pour les jeunes gens de la réserve ; en un mot, pour ceux qui ne sont pas tenus de rester sous les drapeaux.

M. LE VICOMTE D'ABOVILLE. Je résume en un mot le remède que je croirais possible d'opposer à la cause d'éloignement pour la vie rurale que j'ai signalée : il faudrait apporter une sage réserve à l'amélioration progressive des conditions de la vie dans les villes et s'en préoccuper davantage dans les campagnes.

M. LE PRÉSIDENT. Dans votre département organise-t-on des sociétés de secours mutuels ?

M. LE VICOMTE D'ABOVILLE. Oui, monsieur le Président, cela se fait dans les chefs-lieux de canton, mais pas dans les villages.

M. LE PRÉSIDENT. Cette question fait partie du Questionnaire général. Il y a des départements où les sociétés de secours sont très-nombreuses, où l'on en compte jusqu'à quinze ou vingt ; dans d'autres, il y en a très-peu.

M. MAULDE. Dans le voisinage de la forêt d'Orléans, il n'en existe pas une seule. C'est un très-grand malheur : car c'est une des institutions qui produisent un très-grand bien dans les villes, et qui sont destinées, je crois, à en produire un aussi grand dans les campagnes. Si l'on veut s'occuper de les y introduire et de les organiser, les grands propriétaires pourraient faire beaucoup pour cela. Il y a des sociétés de secours mutuels spéciales que le grand propriétaire peut créer chez lui, avec tous ceux qui sont placés sous sa direction, et qu'il peut former en imposant, pour ainsi dire, une sorte de subvention en travail à ses subordonnés, au lieu de leur faire payer; ce qui est difficile dans les campagnes, des cotisations en argent : car l'argent y est rare, et une cotisation en travail vaut de l'argent pour le propriétaire. En assurant ainsi à ces pauvres gens, qui souvent se privent de soins, les secours du médecin et les médicaments qu'on leur fait payer d'ordinaire très-cher, on ferait peut-être la chose la plus heureuse pour les populations agricoles, qui sont ou privées de secours ou obligées d'aller les chercher dans les hôpitaux des villes.

M. LE PRÉSIDENT. A-t-on organisé chez vous la médecine gratuite?

M. MAULDE. Oui, monsieur le Président.

M. DE BÉHAGUE. Dans nos communes, nous avons établi des bureaux de charité avec des sœurs. Eh bien, des apothicaires viennent faire des tournées et nous empêchent de livrer, même gratuitement, les remèdes que nous pourrions distribuer. C'est une infamie; ils font payer les médicaments dix fois, vingt fois, trente fois plus cher qu'ils ne valent! Je combats les sœurs qui ont essayé de résister; mais maintenant il y a une commission d'inspection sanitaire composée de quatre apothicaires qui se promènent dans la campagne et nous menacent de faire des procès.

M. LE PRÉSIDENT. Nous avons déjà une caisse des retraites pour la vieillesse; il faut développer les sociétés de secours mutuels, qui ne sont encore qu'au nombre de vingt-cinq.

M. LE VICOMTE D'ABOVILLE. Ce que M. de Béhague vient de signaler est encore au détriment des campagnes. Je puis citer une commune, dans la Nièvre, où l'assistance médicale est organisée, et où, toutes les formalités remplies, avant d'avoir un médicament, la famille du malade avait à parcourir vingt lieues pour se procurer les secours nécessaires.

M. MAULDE. On a le temps de mourir dix fois avant d'être secouru!

M. LE VICOMTE D'ABOVILLE. Eh bien, des sœurs établies dans cette commune et qui y distribuent des remèdes y sont exposées aux mêmes récriminations que celles que l'on a signalées tout à l'heure. Heureusement, l'administration éclairée de ce département a fermé l'oreille à ces plaintes.

M. MAULDE. J'ajouterai ceci : quand un paysan a une vache malade, il a soin de recourir au vétérinaire; mais quand lui, sa femme ou ses enfants sont malades, il n'appelle personne. On a établi chez nous beaucoup d'institutions excellentes, qu'on ne saurait trop encourager. Nous avons des sociétés de secours mutuels pour les vaches, les chevaux. Les cultivateurs attachent, avec raison, le plus grand prix à leurs bestiaux, parce que, pour eux, tout se résout en une question d'argent; et ces sociétés prospèrent, parce qu'elles ont été organisées de telle manière que, si le cultivateur perd un animal, elles lui permettent de rentrer dans la plus grande partie du prix qu'il a coûté. Mais nous n'avons pas de sociétés de secours pour les hommes qui restent ainsi privés de secours.

M. LE VICOMTE D'ABOVILLE. J'ai été chargé de développer aussi devant la

Commission d'enquête la question relative au mauvais état des chemins ruraux ; mais j'ai peu de choses à ajouter à ce qu'a dit sur ce point notre Président.

Vous savez, messieurs, quelle énorme différence il y a dans le prix des transports par chemins de traverse ou par chemins vicinaux. Cette différence pèse particulièrement sur les bois, qui, dans les grands centres forestiers, ne se consomment presque jamais sur place. Il en résulte même que les chemins vicinaux supportent une plus grande charge que celle qui devrait leur incomber, parce qu'il suffit souvent d'une petite distance à parcourir sur un chemin rural pour qu'on préfère un long trajet sur un chemin vicinal d'un parcours plus facile. La circulation sur ce dernier se trouvant augmentée, l'usure en est aussi plus grande.

Quant à ce qui a été dit de l'absorption d'une forte partie (les deux tiers d'après la loi) des ressources créées par la loi de 1836, pour l'entretien des chemins vicinaux de grande communication, on peut ajouter que, dans beaucoup de communes, la totalité de ces ressources est détournée pour cet objet ; on a inventé les chemins de moyenne communication, et appliqué à cette nouvelle catégorie de chemins le tiers réservé pour les communes, par la loi du 21 mai 1836.

Nous avons dans la Nièvre une commune d'une très-grande étendue, qui compte 4,000 habitants et dans laquelle, pendant longues années, ni un centime ni une journée de prestation n'ont pu être employés pour les chemins vicinaux ordinaires. A plus forte raison, ne pouvait-on rien y faire pour les chemins ruraux.

Une autre observation : c'est qu'avec la même somme d'argent la commune pourrait faire plus en réparations de chemins ruraux qu'en réparations de chemins vicinaux. Ceux-ci sont assujettis à des conditions de pente et de largeur qui, dans des pays accidentés et montagneux, comme le sont beaucoup de pays forestiers, deviennent quelquefois très-coûteuses à obtenir, tandis que, pour les chemins ruraux, qui se construisent avec moins de largeur et des pentes plus roides, la dépense serait infiniment moindre.

En général, les communes ont très-peu d'argent : celles seulement qui ont des revenus, en dehors de leurs centimes additionnels, ont le droit de réparer leurs chemins ruraux. Nous avons pensé qu'on pourrait aviser à cela, à l'aide d'une législation spéciale : soit par la création, par exemple, des syndicats dont a parlé notre Président, qui feraient réparer les chemins ruraux qui sont propriétés communales, avec le concours de la commune ; soit en accordant, par une nouvelle loi, aux communes la permission d'appliquer aux chemins ruraux une partie des ressources créées par la loi de 1836 et par la loi votée tout récemment au profit exclusif des chemins vicinaux.

M. LE PRÉSIDENT. Plus on avancera dans la confection des chemins vicinaux, moins l'on aura de ressources, parce que plus il y aura de chemins à entretenir, plus cet entretien absorbera les journées et centimes accordés par la loi.

M. LE VICOMTE D'ABOVILLE. C'est ce qui arrive déjà dans certaines communes, et c'est précisément à cause de la vérité de ce que vient de dire M. le Président qu'il aurait fallu laisser plus de latitude aux communes pour la réparation de leurs chemins ruraux.

M. LE PRÉSIDENT. Ce sont les conseils généraux que cela regarde, et non le gouvernement.

M. LE MARQUIS D'ANDELARRE. Ils prennent aux communes les deux tiers de la prestation.

M. LE PRÉSIDENT. Oui, et les trois cinquièmes pour les centimes additionnels.

M. LE VICOMTE D'ABOVILLE. La proportion est souvent dépassée, j'en connais des exemples. Aussi beaucoup de chemins ruraux sont impraticables. L'ambition de chaque commune est de faire classer des chemins de grande ou moyenne communication à sa proximité, ou bien de faire classer un chemin rural comme vicinal : car ce n'est qu'à cette condition qu'elle a le droit d'y appliquer les prestations. S'il y avait des ressources pour les chemins ruraux, on pourrait les entretenir à ce titre, et on s'occuperait moins de les faire classer comme vicinaux.

M. LE PRÉSIDENT. Je reconnais parfaitement, comme vous, la grande utilité des chemins ruraux ; ils servent au passage des instruments aratoires, au transport des fumiers, et à la vidange de la récolte, des moissons ; ils ont une utilité qui va quelquefois jusqu'à la nécessité ; mais on s'arrête devant les moyens d'exécution.

M. CHEVANDIER DE VALDRÔME. Il y a un double écueil à éviter : d'une part, ne pas demander à tous ce qui ne doit profiter qu'à quelques-uns, et d'un autre côté, ne pas faire faire par quelques-uns ce qui doit, en partie au moins, profiter à tous ou à presque tous.

Si M. le Président le permet, nous allons suivre l'ordre que j'ai indiqué dans mon résumé, et M. le marquis d'Andelarre et M. Maulde prendront la parole sur la question relative à l'exagération des droits d'enregistrement.

M. LE PRÉSIDENT. La parole est à M. le marquis d'Andelarre.

M. LE MARQUIS D'ANDELARRE. Messieurs, la question des droits d'enregistrement est à la fois générale et spéciale à la propriété forestière. Relativement à la question générale, je n'aurai que quelques observations à faire, parce qu'elles ont été déjà présentées par notre honorable Président, M. Chevandier de Valdrôme, et qu'elles fourmillent, ainsi qu'il l'a dit, dans tous les rapports déposés entre les mains de la Commission d'enquête. Je n'insisterai donc que pour rappeler la question générale dans ses termes les plus généraux.

Comme vous le savez, messieurs, l'enregistrement, qui date de 1581, n'avait pour objet que d'assurer l'existence des actes et d'en constater la date. C'était un service public que l'État rendait, et, comme tous les services, il devait être payé. Les droits d'enregistrement étaient alors excessivement faibles, parce qu'ils représentaient simplement le service rendu.

On enregistrait l'acte, on le contrôlait, on l'*insinuait,* suivant l'expression de l'époque. Mais il s'est insinué autre chose sous ce titre : l'Etat a voulu faire du droit de contrôle et d'enregistrement un véritable impôt. Cet impôt a fait son chemin, comme tous les principes, et qu'est-il arrivé? c'est qu'aujourd'hui le droit d'enregistrement sur les immeubles s'est tellement élevé, qu'il dépasse le produit du principal de la contribution foncière. C'est un chiffre que j'ai relevé pour le mettre sous vos yeux.

Quel est le chiffre porté au budget de 1868 pour le principal de la contribution foncière, le seul qui touche l'Etat : car il n'existe plus de centimes additionnels que pour les ressources spéciales?

Le chiffre que l'Etat touchera, en 1868, d'après les prévisions du budget, pour la contribution foncière, est de 167 millions.

Quel est le chiffre perçu sur les immeubles, d'après le dernier compte qui nous a été distribué, celui de 1864, sur lequel la Commission des comptes doit présenter prochainement son rapport? Le chiffre perçu pour les différents ordres de transmission des immeubles, soit à titre onéreux, soit à titre gratuit, s'est élevé, en 1864, à 153,365,000 francs de principal, et, avec le décime fixé par la loi du 10 prairial an VII, à 168,705,000 francs. Voilà le chiffre rigoureusement dépouillé.

Ainsi, la contribution indirecte qu'on nomme enregistrement s'est élevée pour les immeubles seuls, en 1864, à 168,705,000 francs, tandis que le budget de 1868 ne prévoit, comme principal de la contribution directe foncière, que 167 millions. C'est donc 1,500,000 francs que l'Etat percevra en plus sur l'enregistrement des biens immeubles, plus une somme supplémentaire en raison de la progression naturelle qu'on peut évaluer à 6 ou 7 millions. Par conséquent, quand nous réglerons les comptes de l'exercice de 1868, nous trouverons, par le fait seul de l'enregistrement, 175 millions au moins au profit de l'Etat, si rien n'est changé dans la législation, contre 167 millions touchés sur le principal de la contribution foncière.

Enoncer un pareil fait, c'est émouvoir profondément la propriété foncière. Ne sachant à qui s'en prendre, elle a souvent réclamé, surtout depuis l'Enquête agricole, à l'occasion de laquelle plus de 6,000 réclamations se sont produites relativement à l'impôt. Quelques-uns ont distingué, d'autres s'en sont pris directement à l'impôt.

Nous ne demandons, quant à nous, aucun changement à la contribution foncière, qui ne pourrait être remaniée que dans la commune elle-même, par l'effet du renouvellement partiel du cadastre. On pourrait relever les prés aux dépens des bois, ou relever les bois aux dépens des prés; ce sont là des questions qui regardent les répartiteurs locaux, ce n'est pas ce qui nous occupe. Nous n'élevons pas de griefs contre le principal de la contribution foncière, qui est au même chiffre qu'il y a un certain nombre d'années ; nous nous adressons aux droits d'enregistrement perçus sur les immeubles.

Comme vous le savez, le droit est multiple ; il s'élève de 1 p. 100, pour les transmissions à titre gratuit de père à enfants, jusqu'à 9 p. 100 et avec le décime, 10 p. 100 relativement à certaines propriétés, à certaines transmissions. Ce chiffre, qui est évidemment exagéré, a une portée énorme. Quelle en est la proportion réelle? car ce chiffre, variant de 1 à 9 p. 100, présente de grandes différences. Quel est le chiffre moyen payé par la propriété immobilière? En prenant l'ensemble des neuf sections qui se rapportent aux transmissions entre-vifs, à titre gratuit ou à titre onéreux, il est de 44 p. 100. Mais si du chiffre total de 168 millions nous déduisons d'un côté ce qui représente le chiffre le plus bas, les transmissions directes à titre gratuit de père à enfants; d'un autre côté, le chiffre le plus haut, les transmissions d'immeubles à titre gratuit entre personnes non parentes, nous trouvons que le chiffre moyen des droits payés s'élève à 5,25 p. 100. Je parle devant des hommes qui savent que la propriété foncière ne rapporte pas plus de 3 p. 100 nets, et bien heureux quand on les obtient. Ce chiffre de 5,25 p. 100 est donc la représentation de deux années de revenu.

Or, cela empêche-t-il, dans l'année de la transmission, de payer l'impôt? Non, le percepteur est là qui trouverait mauvais qu'on lui opposât une fin de non-recevoir. Il continue à exiger l'impôt, et par conséquent, dans l'année de transmission, à quelque titre qu'elle se fasse, les charges sont exagérées.

Il faut distinguer dans les transmissions celles qui se font à titre onéreux et celles qui se font à titre gratuit. Au premier aperçu, il semble que les transmissions à titre onéreux ne payent pas ; car c'est l'acquéreur qui les supporte. Mais, en réalité, c'est le propriétaire qui paye. Quand je veux acheter une propriété, je me rends compte de ce que j'aurai à donner au vendeur, au notaire, au fisc, et quand j'ai fait mon calcul, si la propriété me convient au prix qu'elle représente avec ces trois éléments, je conclus le marché. Sur qui retombent les droits? Sur la propriété : c'est une dépossession de la propriété, une expropriation d'une partie de la propriété. Si donc je paye 5,25 p. 100 de droits, évidemment mon vendeur recevra cela de moins, car je me suis rendu compte de la valeur de la propriété. Que je paye à droite ou à gauche, peu importe : la question pour moi est de savoir si, comparativement, la propriété me convient, si je la préfère à une propriété mobilière, par exemple à des obligations mexicaines, ou à toute autre valeur. Je fais mon calcul; mais, en définitive, c'est aux dépens de celui qui vend que les droits se prennent, c'est lui qui en souffre.

C'est au nom de la propriété forestière, au nom du comice agricole dont je suis le Président, au nom de mes collègues de la chambre d'agriculture que je préside, que je dépose devant vous le vœu de voir reviser la législation relative aux droits d'enregistrement, qui sont exorbitants, vous voudrez bien le reconnaître.

Ce n'est pas devant vous que j'ai besoin d'établir à quel point la propriété souffre de cette législation; il est impossible, en effet, qu'on puisse pratiquer une pareille opération qui se renouvelle tous les quinze ans, et, qu'on me permette une expression particulière au sujet que je suis appelé à soutenir par-devant vous, qu'on puisse faire une incision aussi grave à l'arbre de la propriété, sans que le suc en coule aux dépens de l'arbre lui-même, et, par conséquent, aux dépens de la richesse publique.

Et quand nous avons en face de nous la propriété mobilière qui ne paye pas d'impôt — rassurez-vous, je ne veux pas traiter cette question — on ne peut s'empêcher de constater que la propriété immobilière offre une situation bien différente, et qu'elle souffre, ainsi que l'a dit notre honorable Président. Quelles sont ces souffrances ? J'abuserais de vos moments si j'insistais pour vous les faire connaître. C'est un fait qui ne saurait être contesté : la propriété foncière souffre aujourd'hui en France. Voilà le jour de ses grandes assises ; elle vient à vous, elle ne peut être mieux défendue que par une assemblée comme la vôtre, qui connaît ses misères. Nous déposons donc devant vous le vœu que, au point de vue des mutations, les droits qui pèsent sur la propriété soient remaniés, parce qu'ils sont arrivés à ce point que la contribution indirecte dépasse la contribution principale et qu'elle la dépasse d'un chiffre que je viens de vous indiquer et dont je vous prie de vous souvenir.

Il n'est pas possible d'admettre qu'une imposition accessoire puisse être plus forte que la véritable imposition, ni même qu'elle puisse l'égaler. Il y a là une réduction considérable à faire, et je n'hésite pas à demander la diminution de moitié des droits d'enregistrement sur la propriété foncière.

M. LE PRÉSIDENT. Je rappellerai à M. le marquis d'Andelarre qu'en 1863, un grand travail a été fait au ministère des finances pour le remaniement de la loi du 22 frimaire an VII.

Ce projet de loi, élaboré sous l'administration de M. Fould, a été transmis au Conseil d'Etat. A ce moment, je n'en faisais plus partie ; je venais d'être élevé à la dignité de sénateur, en sorte que je n'en ai pas connu les dispositions. Je sais seulement que l'examen de ce projet a occupé un grand nombre de séances au Conseil d'Etat et qu'on n'est pas tombé d'accord. La seule chose que je puisse en dire, c'est que ce remaniement, loin d'être favorable à une diminution d'impôts, tendait plutôt, je crois, à une augmentation. Quoi qu'il en soit, ce travail est resté là et je ne sais pas s'il reparaîtra.

M. LE MARQUIS D'ANDELARRE. Je ferai observer que les droits fixés par la loi du 22 frimaire an VII étaient de 4 p. 100 pour les transmissions à titre onéreux, et que c'est la loi du 28 avril 1816 qui les a portés à 5 p. 100.

Pour en revenir à la proposition faite par M. Fould en 1863, je comprends qu'à son point de vue les questions de propriété aient été traitées avec peu de faveur. Il a donné la preuve du peu de faveur dont elles jouissaient à ses yeux en soulevant la question de l'aliénation des forêts de l'Etat. Aussi, quelle qu'ait pu être la proposition soumise par M. Fould au Conseil d'Etat, quand cette question arrivera devant le Corps législatif, et c'est ce que nous demandons avec la plus vive instance, elle se présentera dans des conditions telles, que le succès de nos réclamations est assuré d'avance.

Je n'ai plus qu'un mot à ajouter relativement aux droits d'enregistrement. Ainsi que vous l'a fait observer M. le Président de la Société forestière, l'intérêt que nous représentons ici fait valoir dans cette question un grief particulier.

Qu'est-ce qu'une forêt? quels sont les éléments qui constituent sa valeur? Pour répondre à cette question, il faut décomposer la forêt en deux parties bien distinctes : le sol forestier et la récolte forestière. La récolte forestière, ce sont des produits accumulés quelquefois pendant des siècles. La futaie n'est autre chose qu'un produit accumulé pendant cent, cent cinquante et même deux cents ans. Il y a dans la forêt de Vincennes des chênes qui trouveraient que je leur manque de respect en ne parlant que de deux siècles. Mais ces cas de longévité sont rares, et ce qu'il y a de plus habituel, c'est la futaie sur taillis ; ce qui n'est pas commun, c'est la futaie pleine, surtout chez les particuliers. Quoi qu'il en soit, la superficie d'une forêt représente en moyenne 300 p. 100 de la valeur de la forêt. Ainsi, par exemple, un hectare de bois qui se vend 1,000 francs ne vaudrait plus que 250 francs s'il était rasé complétement. Je ne me trompe donc pas en fixant à 300 p. 100 la valeur de la superficie de la propriété forestière par rapport à celle du sol.

Quand, dans une vente, on ne fait pas de distinction entre le sol et la superficie, le receveur de l'enregistrement perçoit le droit sur le tout, c'est-à-dire 5,50 p. 100, plus le décime établi par la loi du 6 prairial an VII, ce qui fait environ 6,25 p. 100. Quel serait le droit que payerait la superficie, si elle était abattue ? 2 p. 100, plus le décime, ce qui ferait 2 fr. 20 c. seulement. Si l'on fait la différence entre 2,20 et 6,25, on verra qu'on paye pour la superficie deux tiers en sus de ce qu'on doit réellement, c'est-à-dire 300 p. 100.

Que résulte-t-il de cette situation ? Comme l'intérêt particulier s'est parfaitement rendu compte de cette différence, quand on aliène une forêt et que cela se passe entre majeurs et de gré à gré, on fait la distinction entre le sol et la superficie, afin de ne payer que 2,20 sur cette dernière. On tord ainsi un peu le cou au Code civil : car une superficie de bois n'est considérée comme meuble que lorsque la hache y a passé. La loi sur l'enregistrement a porté elle-même, et je l'en félicite, une certaine atteinte au Code civil, qui déclare, dans l'article 521, que la superficie d'une forêt est toujours immeuble tant qu'elle n'est pas abattue. Voici l'article de la loi : ART. 521. « Les coupes ordinaires des bois-taillis ou de futaies mises en coupes réglées, ne deviennent meubles qu'au fur et à mesure que les arbres sont abattus. »

Il résulterait de la disposition de cet article que, lors même qu'on vend une coupe pour être abattue, on devrait payer le même droit que pour un immeuble, puisque les arbres ne deviennent meubles que lorsqu'ils sont abattus. La loi du 22 frimaire an VII a prévu le cas, et elle déclare, en propres termes, que les droits de vente d'une superficie ne se payeront que sur le pied de 2 pour 100, comme pour tous les autres meubles. Il y a donc eu là une altération des principes du Code civil, altération que je trouve juste et dont je réclame l'application.

M. le Président. Je vous ferai observer que la loi de l'an VII a précédé le Code civil, l'article est de 1803.

M. le marquis d'Andelarre. Oui, mais la loi de 1816 est venue la confirmer. Quoi qu'il en soit, me fondant sur la pratique et la législation de l'an VII et de 1816, je n'hésite pas à dire qu'on regarde comme meuble une superficie, alors même qu'elle n'est pas abattue. Chacun sait que tout notaire intelligent chargé de vendre une forêt fait habituellement deux parts de la forêt : le sol, qu'il soumet au droit de 5 fr. 50 c. pour 100, et la superficie, qu'il ne soumet qu'à un droit de 2 pour 100. Comme le droit est toujours perçu ainsi, comme j'en ai fait moi-même récemment l'expérience, l'Etat perd cette différence. Je crois qu'il vaut mieux qu'il la perde franchement en principe que par un moyen détourné qui n'est pas permis à tout le monde ; car, dans une vente par expropriation forcée, dans un partage avec des mineurs, ou dans une liquidation, il faut que la propriété forestière subisse cette large diminution que je signalais tout à l'heure, c'est-à-dire qu'elle paye deux tiers de plus qu'elle ne doit réellement pour la superficie. C'est donc celui qui souffre parce qu'il est dans une mauvaise situation, ce sont les mineurs et les femmes mariées qui ont le plus besoin de protection, qui sont obligés de subir les rigueurs de la loi, tandis que les autres savent le moyen d'y échapper.

Il vaudrait mieux que la situation de l'Etat fût nette et que la ventilation des propriétés forestières se fît d'une manière régulière pour tout le monde. Il est assurément facile, puisque cela se fait tous les jours, de diviser la forêt en deux parts, et de faire payer le fonds et la superficie dans la proportion qui serait précisée par la loi.

Telle est la proposition que j'avais à soutenir au nom de la Société forestière et que j'abandonne à votre sagesse.

J'ai encore une autre proposition à présenter relativement au régime douanier. Si la Commission voulait le permettre, je lui soumettrais immédiatement les observations que j'ai à lui faire à ce sujet.

M. le Président. Je crois qu'il vaudrait mieux vider la question qui nous occupe en ce moment. Monsieur Maulde, ne deviez-vous pas parler sur la même question ?

M. Maulde. Je comptais, en effet, traiter la même question ; mais M. le marquis d'Andelarre a tellement bien exprimé notre pensée à tous, tout ce qu'il a dit est si bien la traduction du sentiment public, que je croirais abuser des moments de la Commission en insistant longuement après lui sur ce point. Cependant la Commission me permettra de mettre sous ses yeux quelques faits, qui lui feront toucher du doigt la considération si juste et si bien développée par l'honorable marquis d'Andelarre.

La considération qu'il faisait valoir est tirée du caractère spécial attaché par la loi et par le droit commun à la superficie, caractère qui entraîne l'application d'un droit différentiel. Cette différence est quelquefois notable, et je crois que notre collègue, en fixant aux deux tiers la différence du droit perçu sur la valeur superficielle, considérée comme une valeur purement mobilière, et celui perçu sur le sol, qui est toujours une valeur immobilière, n'a pas dit qu'elle pouvait être plus considérable dans certains cas. Il résulte de plusieurs exemples que je pourrais vous citer, que sur la vente d'un bois qui, couvert d'une superficie, valait 100 à 120,000 francs, il y aurait une différence de près des quatre cinquièmes, si la perception était faite en prenant le bois dans la situation qu'il a réellement, c'est-à-dire avec la superficie ; tandis qu'il en sera tout autrement si le propriétaire, usant de la faculté que lui reconnaît la loi (et naturellement ses intérêts l'y sollicitent trop pour qu'il n'en use pas), fait une séparation fictive ou réelle entre la superficie et le sol, c'est-à-dire si, voulant vendre son bois, il vend d'abord la superficie à détacher comme valeur mobilière, et ensuite le sol nu comme valeur immobilière.

En effet, si le propriétaire vend la superficie comme valeur mobilière, il ne payera que 2 pour 100 du principal, et même je puis ajouter qu'on connaît trop la manière dont les affaires se font pour dire que le propriétaire payera ces 2 pour 100.

En vendant son bois comme valeur mobilière, il ne fait aucun acte obligatoirement soumis à l'enregistrement ; il vend par une vente verbale, ou du moins qui est considérée comme telle, et qui n'est soumise à aucune espèce de droit ; de cette manière, il évite ainsi de payer aussi bien 2 pour 100 que 5 pour 100.

M. LE PRÉSIDENT. A moins d'un procès en justice.

M. MAULDE. Heureusement on peut toujours éviter un procès, surtout si l'on a soin de traiter avec des marchands solvables, ou bien si l'on exploite soi-même son bois.

Il résulte de ceci que forcément on arrive à obliger le propriétaire de bois qui vend à commencer par réaliser la superficie, lorsqu'il y aurait plus d'intérêt pour l'acheteur et pour la société à ce que cette superficie fût conservée jusqu'à parfaite maturité.

C'est un inconvénient très-grave que cette espèce de nécessité qu'on impose aux propriétaires de bois de réaliser cette superficie, et de ne pas l'élever jusqu'à complète maturité. On vous a signalé combien il était souvent impossible à un propriétaire de conserver ses bois, je ne dirai pas en futaies, mais même en bois taillis. Supposez, par exemple, un père de famille ayant un bois de quinze ou vingt ans, qui gagnerait beaucoup à être conservé dix ans de plus ; s'il est obligé de vendre sa propriété, immédiatement il coupera et réalisera la superficie, pour ne pas payer un droit de 5 fr. 50 c. sur la vente qu'il fera.

Il y a là, messieurs, je crois, une question très-grave à examiner, une de celles que la Commission de 1863 était appelée à mûrir et qui n'ont pas encore abouti.

Nous croyons néanmoins que le désir que l'on prête, et qui malheureusement n'est que trop vrai, à l'administration de ne reviser la loi d'enregistrement que pour en augmenter le produit, peut se concilier avec la modification que nous demandons à la législation ; car nous sommes persuadés que l'Etat ne perdra rien en ne soumettant qu'à une mutation purement mobilière la superficie qui serait vendue en même temps que le sol.

Il obtiendrait de cette façon le payement assuré d'un droit de 2 pour 100 sur une valeur sur laquelle la perception lui échappe presque toujours, et il vaut mieux recevoir 2 pour 100 que rien. Il est également préférable de laisser les propriétaires élever jusqu'à parfaite maturité une superficie sur laquelle il y aura à percevoir plus tard une valeur plus considérable.

J'ajoute cette observation aux arguments que M. d'Andelarre a si bien développés, et je crois que la Société forestière est bien fondée à réclamer sur ce point une modification de la loi actuelle, modification qui ne diminuera pas d'ailleurs les ressources du Trésor, et qui lui permettra, au contraire, d'éviter ces conventions secrètes qui sont toujours fâcheuses quand elles ne sont pas d'accord avec les principes généraux, en même temps que cela mettra fin à ces fraudes qui ne sont plus considérées comme telles aujourd'hui. Il vaut mieux autoriser l'administration à ne percevoir le droit sur les bois que comme une valeur mobilière, que de maintenir un droit plus fort, qui échappe presque toujours à la perception.

M. **Larrabure.** Je demanderai à la Société forestière, qui paraît avoir pris à tâche d'éclairer la Commission sur les impressions publiques, ce qu'elle pense de l'autorisation accordée par la loi de l'an VII de percevoir un droit de succession sur l'entière valeur d'une propriété, alors même qu'elle est grevée d'hypothèques ?

Est-ce que, selon elle, ce droit ne grève pas beaucoup la propriété ?

M. le **marquis d'Andelarre.** Énormément.

M. le **Président.** Vous voulez parler de la distraction du passif.

Est-ce que cette question n'a pas éveillé les préoccupations de la Société forestière ?

M. **Chevandier de Valdrôme.** Nous demandons le dégrèvement préalable du passif, non autorisé aujourd'hui.

Je puis déclarer au nom de la Société forestière, au nom de tous les membres qui la composent, qu'il y a une révolte de la conscience publique contre une pareille énormité, et je ne crois pas que cette expression soit trop forte pour exprimer le sentiment dont nous sommes témoins ?

M. le **Président.** C'est le sentiment général. Cette réclamation est consignée dans les procès-verbaux de toutes les enquêtes départementales.

On demande que l'on ne comprenne dans une succession que ce qui reste une fois les dettes payées : *bona non intelliguntur nisi deducto œre alieno*, et que les droits ne soient perçus que sur l'actif, sur l'actif net, déduction faite du passif.

(La Commission supérieure s'ajourne à une autre séance, pour entendre la suite des dépositions de MM. les membres de la Société forestière de France.)

La séance est levée.

Séance du mercredi 5 juin 1867.

Présidence de M. Suin, sénateur.

SUITE DES DÉPOSITIONS DE MM. LES MEMBRES DE LA SOCIÉTÉ FORESTIÈRE.

M. LE PRÉSIDENT. Messieurs, à la dernière séance, M. Chevandier de Valdrôme, votre Président, a fait un exposé général de la situation, et il a été entendu qu'à cet exposé général chacun des membres de la Société viendrait ajouter un commentaire particulier sur une matière spéciale. M. le marquis d'Aboville nous a parlé de l'élévation du prix des salaires et du mauvais état des chemins ruraux ; M. le marquis d'Andelarre et M. Maulde, de l'exagération des droits d'enregistrement.

M. CHEVANDIER DE VALDRÔME. Nous en sommes arrivés aux modifications que nous demandons dans le régime douanier. C'est M. le marquis d'Andelarre qui s'est chargé de traiter spécialement cette question.

M. LE PRÉSIDENT. La parole est à M. le marquis d'Andelarre.

M. LE MARQUIS D'ANDELARRE. Messieurs, M. le Président de la Société forestière a bien voulu m'appeler à développer devant vous les demandes de la Société au point de vue du régime des douanes. Ainsi que j'ai eu l'honneur de vous le dire dans la dernière séance, il y a une connexité entre la question que je soulevais devant vous, c'est-à-dire la question de la réduction des droits d'enregistrement, et la demande d'une modification dans le régime douanier. Dans les paroles que je vais prononcer se trouveront quelques-unes des questions financières et des questions générales qui ont été soulevées par l'Enquête agricole. Les questions financières, je les traiterai en passant : car elles appartiennent à une autre juridiction ; quant aux questions agricoles, je n'ai l'intention de m'immiscer dans les travaux de la Commission ni d'une manière directe, ni d'une manière indirecte ; je lui fais d'avance mes excuses pour les petites invasions qu'il m'arrivera de faire dans les questions générales de l'Enquête ; ce n'est pas mon dessein, ce sera seulement une nécessité.

La connexion entre les deux questions est évidente. Représentant un des intérêts souverains du pays, c'est-à-dire une des branches de la propriété immobilière, lorsque nous demandons une réduction de droits, nous devons proposer, en face de cette réduction, une ressource qui rétablira l'équilibre dans le budget. Nous ne sommes pas et nous ne pouvons être égoïstes et calculateurs au point de vue seulement de l'intérêt que nous représentons. Tous les intérêts se touchent : celui du budget, qui est le principal intérêt français, et celui de la propriété. C'est ainsi que j'établis la connexion existant entre la demande d'une réduction des droits d'enregistrement et celle que j'aborde en ce moment.

Je vais vous dire par quels moyens on pourrait, suivant moi, compenser et au delà la réduction que nous vous proposons.

Le régime douanier, en France, doit être examiné à deux points de vue : au point de vue théorique, soit de la protection soit de la liberté des échanges, et au point de vue pratique, c'est-à-dire au point de vue budgétaire. Je n'ai pas besoin de vous dire que la question douanière n'est pas envisagée par nous au point de vue théorique : nous ne faisons ni de la protection, ni du libre échange; nous examinons seulement la question budgétaire, c'est la seule qui doive nous préoccuper, parce que, comme la lance d'Achille, nous devons répayer les blessures que nous nous proposons de faire. C'est donc uniquement au point de vue pratique du budget des recettes de l'État que nous avons l'honneur d'appeler votre attention sur les modifications que nous proposerons au régime douanier en ce qui concerne la question forestière.

Je suis obligé de jeter un coup d'œil général sur les finances d'abord, sur la question générale agricole, avant d'arriver à l'examen du régime douanier relativement à la question spéciale des forêts.

Le budget a subi un bouleversement profond par les modifications qu'a subies le système douanier en 1860 et 1861. Des réductions considérables relativement aux douanes, ont été portées à notre budget. Je dis, *relativement aux douanes*, car ce n'est que vis-à-vis d'elles qu'on a opéré des réductions. On n'a qu'à le demander aux contributions indirectes, qui, elles, loin d'avoir diminué, ont augmenté considérablement (1). On a fait payer au producteur ce dont on déchargeait le consommateur, et si celui-ci a été dégrevé, le producteur français a été surchargé.

Je ne fais qu'appeler votre attention, à vol d'oiseau pour ainsi dire, sur l'ensemble des mesures qui ont été prises depuis les traités de commerce; je ne veux pas entrer dans des déductions qui ne seraient pas à leur place dans une réunion du caractère de celle-ci.

Quant à la question agricole en général, un de mes honorables collègues de la Société forestière l'a examinée à son point de vue, comme déjà l'Enquête elle-même l'avait examinée au sien. Il est incontestable que la propriété agricole souffre considérablement, et que la valeur des produits ne s'est pas augmentée, tandis que la main-d'œuvre s'est beaucoup élevée. Cette main-d'œuvre, qui l'emploie? C'est le producteur, et aujourd'hui le producteur est soumis à des frais considérables. La main-d'œuvre, les théoriciens ne la comptent pas, et vous avez pu voir ces jours derniers un journal agricole dire que le prix de revient du blé était de 6 francs, parce qu'il ne comptait ni les frais de culture, ni les frais de travail; mais, nous

---

(1) Douane et sels.......... 228,000,000 en 1859 (1) 147,000,000 au budget de 1868
Enregistrement et timbre. 325,000,000 en 1859   427,000,000 au budget de 1868
Contribution indirecte... 485,000,000 en 1859   592,000,000 au budget de 1868

(¹) A retrancher pour 50,000,000.

autres, nous devons en tenir compte : car nous savons ce que sont les frais de culture et de travail. Le petit cultivateur qui vit de son travail se paye à lui-même ses journées ; nous, qui travaillons sur un plus grand développement, nous ne pouvons le faire sans employer des ouvriers qui ne font pas de la culture pour l'amour de l'art et qui ne se contentent pas de l'honneur d'être agriculteurs. C'est ainsi qu'on est arrivé à cette situation que les frais s'étant élevés énormément, par les causes que tout le monde connaît, et le prix des produits n'ayant pas augmenté, on a dû faire des efforts pour soulager une des parties du travail, c'est-à-dire l'industrie. N'est-il pas juste de faire également des efforts pour soulager cette autre immense partie des travailleurs qu'on appelle les agriculteurs ? Je crois qu'ici cela n'est douteux pour personne.

Ce qu'on a fait en 1861, l'a-t-on fait trop subitement ? a-t-on eu raison de le faire sans transition aucune ? Je n'examine pas, et je n'ai pas à examiner cette question ; je dis seulement que si des mesures graves, considérables, qui ont porté fortement sur cette large base de la production qu'on appelle l'agriculture, ont été prises, on n'a rien fait de ce qu'il fallait faire pour compenser les charges qu'on lui imposait. Ce qu'on a cherché d'abord, ç'a été l'abaissement du prix des produits agricoles, l'abaissement du prix du pain ; c'est le but qu'en Angleterre Robert Peel avait cherché, qu'il annonçait loyalement et qu'en effet il a atteint.

Pour y arriver sans perturbations, il fallait accorder immédiatement à l'agriculture des compensations. C'est ce qu'a très-bien compris Robert Peel, c'est ce qu'il a accompli dans une large mesure. Vous vous rappelez tous le magnifique discours qu'il prononça en 1846, et qui a été le germe des compensations accordées à l'agriculture. Grâce à cette précaution, l'agriculture anglaise a pu supporter la transition et se tirer d'affaire, et aujourd'hui elle marche dans une voie de prospérité croissante. Ce qui a été fait en Angleterre, nous le demandons ; d'autres personnes l'ont également demandé dans l'Enquête. Mais j'ai dit que je ne me permettrais aucune invasion sur le terrain de l'Enquête, et que je voulais me renfermer dans la pure question forestière.

Sur ce point spécial, je crois que d'importantes compensations peuvent être accordées. Nous en avons signalé une l'autre jour, celle qui amènerait une réduction sur les droits d'enregistrement.

Ce n'est pas, je le reconnais, pour venir au secours du fermier, qui est le véritable industriel agricole, que nous réclamons cette réduction. Le fermier ne souffre que passagèrement de l'abaissement du prix du produit ; car le prix du produit est la base de son calcul lorsqu'il se présente pour prendre ferme, et il ne profiterait à aucun degré de la réduction du droit d'enregistrement ; mais le fermier impose des sacrifices au propriétaire (et il lui en imposera, il lui en a imposé dans un grand nombre de départements, et, pour ne parler que du mien, on y trouve déjà beaucoup de terres sans preneur) ; mais à côté de lui, à côté du grand propriétaire, se place un nombre indéfini de petits cultivateurs qui travaillent eux-mêmes leur terre et cumulent la position de propriétaires et d'industriels agricoles. C'est pour eux surtout, pour tous ces petits cultivateurs qui représentent la propriété foncière qui souffre, que l'abaissement des droits d'enregistrement, qui frappent si gravement la propriété, sera un soulagement considérable.

La propriété foncière a donc le droit et le devoir, et nous qui sommes ici ses organes pour une des branches du revenu public qui s'appelle les forêts, nous avons ce droit et ce devoir, au point de vue qui nous occupe, de réclamer la réduction des charges qui pèsent sur la propriété, d'examiner si effectivement le régime douanier en France est ce qu'il doit être, s'il n'a pas souffert des énormes diminutions qui ont contribué à aggraver la situation du producteur français.

Et d'abord si nous comparons, sous le rapport des produits, notre régime douanier à celui de l'Angleterre, de ce pays qui pratique le libre échange le plus largement possible et qui tire de ses douanes un produit si considérable, nous verrons combien la situation des deux pays est différente.

En Angleterre, le produit net des douanes dans la dernière année dont nous ayons le relevé dans le *Blue-Book*, c'est-à-dire en 1864-1865, a été de 565 millions (1). Ce chiffre porte principalement sur les esprits, les vins, les sucres, le thé, le tabac, le café ; car sur 565 millions que l'Angleterre a perçus en 1864-1865 comme produit de ses douanes, les différents objets que je viens d'énumérer figurent pour 522 millions : c'est donc simplement 43 millions que l'Angleterre a demandés aux autres marchandises importées.

En France, la somme produite par le droit de douane en 1866 (2), en y comprenant le produit net du tabac, afin de comparer le produit comparable, est de 322 millions, savoir : douanes et sels, 147 millions ; tabac, déduction faite des frais de matériel, d'achat et de transport, 175 millions ; total, 322 millions.

Ainsi, 565 millions en Angleterre (et si nous tenons compte des deux années écoulées de 1864 à 1866, 580 millions au moins), contre 322 millions en France en 1866 : tel est le bilan du régime douanier dans les deux pays.

Il faut immédiatement tenir compte de la situation différente du pays. Nous ne vivons pas seulement avec les blés, les vins ou les sucres d'impor-

(1) Esprits	82,905,000
Vins	33,081,000
Sucres	131,832,000
Thé	112,177,000
Tabac	152,608,000
Café	9,758,000
	522,361,000
Autres marchandises	42,639,000
Total	565,000,000

(2) 1866 est le dernier chiffre officiellement connu, et où la législation du sucre a été définitivement fixée.

tation étrangère, et c'est ici ce qui devrait assurer à nos finances une grande supériorité sur les finances anglaises : nous avons une production indigène bien autrement considérable que la production anglaise.

Je reconnais que cette production change les conditions financières du pays, parce que nous retrouvons dans les contributions indirectes ce que nous perdons sur les douanes : c'est ce qui fait que la France ne peut avoir un produit de douanes comparable des valeurs par la quantité ; mais en comparant les valeurs importées en France et les valeurs importées en Angleterre, nous trouvons une différence capitale.

Je ne peux mettre sous vos yeux dans ce moment la valeur des importations en Angleterre ; c'est un complément de mon travail que je m'empresserai de communiquer à la Commission (1).

Il résulte des chiffres que je viens d'indiquer que le produit des douanes étant, en 1864, pour l'Angleterre de 565 millions (2), et pour la France de 311 millions (3), en tenant compte de l'énorme différence de la valeur de la marchandise importée (4), les 252 millions qui forment le supplément de nos produits de douane sont pris sur les produits indigènes.

Dans un pays comme le nôtre, qui est d'un tiers plus peuplé que l'Angleterre, et où l'impôt de consommation est moins élevé qu'en Angleterre (5), il faut, pour arriver à de pareils résultats, que le mécanisme du budget soit mal fait. Il est d'autant plus mal fait que, bien que nous tirions du pays tout ce qu'il est possible d'en tirer et même au delà de ce qu'il serait juste d'en tirer, nous voyons, en jetant les yeux sur le budget, que ses recettes sont encore au-dessous de ses dépenses, puisque tous les ans nous le votons en excédant, et que tous les ans nous le réglons en déficit. J'ai donc le droit de dire que voilà des finances mal faites, et il est impossible que le pays averti, que le gouvernement averti lui-même, n'avisent pas. Ce simple jour jeté rapidement sur les finances générales du pays au point de vue agricole, doit suffire pour attirer l'attention d'hommes considérables comme ceux devant lesquels j'ai l'honneur de parler.

J'arrive à la question spéciale relative aux forêts, et je vois, ainsi que cela a été relevé par notre exposé de situation, que l'introduction des bois étrangers a été, en 1866, de 136 millions supérieure à l'exportation : c'est donc 136 millions de bois étrangers qui ont pénétré en France de plus qu'il n'en est sorti. Quelle conséquence allons-nous en tirer ? Je commence par dire que nous n'avons pas l'intention de vous demander une

(1) Value of imports from foreign parts 1864, 173,961,000 l. (4,466,421,000 fr.).

(2) An account net produce of the revenue of customs (1864-1865), 22,527,572 l. (565,427,000 fr.) (*Accounts and papers*, 1865, XXX vol.).

(3) Produit des douanes, déduction faite des drawbacks (1864)..... 137,000,000
Produits de la vente des tabacs, déduction faite des frais de matériel, achat et transport............................... 174,000,000

311,000,000

(4) Valeurs importées en 1864 :
Angleterre... 4,366,000,000
France.. 2,924,000,000

(5) Accise et papier timbré, 750 millions en 1864.

augmentation des droits de douane au point de vue de la protection à accorder à la production française : cette situation ne donne lieu à aucune protection. Notre production n'étant pas suffisante, il faut des produits étrangers ; par conséquent, quel que soit le prix auquel les bois étrangers pénètrent en France, il faut qu'ils y entrent, puisque la consommation en a besoin. Loin de moi l'idée d'une protection qui n'a sa raison d'être que quand un pays ne peut suffire à la consommation et qu'il veut entrer en concurrence avec le producteur étranger ; il demande une protection temporaire, afin de développer son industrie. Or, ce n'est pas là le cas ; l'industrie des bois en France n'ira pas en s'augmentant, elle diminuera plutôt ; car du besoin immodéré de jouir qui se produit également de la part des communes et de la part de l'Etat, résulte cette conséquence que la valeur des futaies n'augmentera pas, ni leurs produits non plus. Depuis que les besoins de l'industrie se développent chaque année, le chiffre des importations de bois s'élève graduellement d'une manière considérable. Nous n'avons rien à redouter, au point de vue des intérêts que nous défendons devant vous, de l'abaissement du prix des bois étrangers ni de leur élévation, et je ne m'occupe uniquement et spécialement que des moyens de compenser les sacrifices que nous demandons au budget en faveur de la production indigène. L'importation des bois communs a été, en 1864, de 170,182,705 francs, sur lesquels il y a eu 859,319 francs de droits perçus, soit 0.12 1/2 pour 100.

Nous réclamons un droit de 5 pour 100 de la valeur des bois importés, ce qui produirait 8,559,135 francs.

Notre point de vue, je le dis encore, est celui-ci : l'agriculture, personnifiée en ce moment dans l'intérêt forestier, souffre ; elle souffre des différentes causes qui vous ont été dites, et par-dessus tout de l'augmentation de la main-d'œuvre, qui s'est élevée au moins de 50 pour 100. Dans cette situation, l'Etat doit venir à son secours, justement, équitablement, en accordant des compensations aux souffrances que la législation ou la surprise a amenées dans l'état de la société. Il y a des compensations qui sont forcées, et lorsque l'enquête sera terminée et que nous aurons à les débattre au grand jour de la discussion, nous établirons facilement que des compensations sont dues à celui qui souffre. Permettez-nous de le dire, messieurs, nous comptons sur la Commission d'enquête pour les demander au gouvernement.

La propriété foncière tout entière souffre, la propriété forestière souffre, et par conséquent il est capital, il est indispensable qu'une atténuation soit accordée. Cette atténuation fera une incision au budget ; c'est par des droits de douane que nous croyons que le vide doit être comblé. Nous établissons que les droits de douane, qui sont les droits les plus justes et les plus rationnels, ne sont pas à leur chiffre naturel ; qu'ils sont au contraire plus ou moins au-dessous des nécessités, surtout pour ce qui touche à des objets en quelque sorte de luxe qu'on a dégrevés aujourd'hui d'une manière qu'il est impossible de comprendre.

Pour ne citer, en passant, qu'un fait d'une grande valeur, le café, qui payait un droit d'entrée de 1 fr. 14 c. par kilogramme en 1859, a été réduit, en 1860, à un droit de 50 centimes par kilogramme, de telle sorte que, tandis qu'en 1859 le café payait 30,525,000 francs de droits à l'Etat pour une valeur de 44,503,000 francs, en 1865, la consommation du café étant arrivée à une valeur de 85,352,000 francs, il n'a plus payé que 22,302,000 francs. Est-ce là une bonne législation? est-ce là quelque chose de sensé et de raisonnable? Aussi lorsque nous réclamons, pour des produits qui n'ont pas de similaires en France, les réflexions les plus profondes de la part des économistes, de la part du gouvernement, de la Commission d'enquête et de la Chambre, nous sommes dans une situation telle qu'il est impossible qu'on puisse combattre avec avantage la justice de cette réclamation.

Je ne veux pas, messieurs, abuser de votre temps ; mais comment ne pas vous signaler les perturbations établies par une législation complétement vicieuse ! Non, il ne fallait pas dégrever la meilleure matière à impôt qu'on puisse imaginer, pour charger les produits indigènes. Avec ces sacrifices intempestifs, on est arrivé à soulever des réclamations universelles. Le producteur indigène réclame, le budget réclame : le jour est venu d'aviser.

Je crois donc avoir justifié les conclusions de la Société forestière. Elle demande à la Commission d'enquête de reconnaître avec elle que la propriété forestière est atteinte à la fois, et par l'élévation du prix de revient, et par la diminution du prix de vente. Elle vous demande de vous rappeler ce que vous a dit notre honorable Président, qui a établi quel est l'accroissement du prix de la main-d'œuvre, et l'abaissement du prix du bois de chauffage qui se substitue à la futaie. Dans cette situation de la propriété forestière, il lui est dû, à elle comme à tous, un dégrèvement et une compensation. Ce dégrèvement et cette compensation ne peuvent avoir lieu sans porter atteinte à une autre souffrance, le budget. Eh bien, il faut prendre en quelque sorte le taureau par les cornes ; il faut que les questions de budget soient revues ; il y a là des questions capitales, parmi lesquelles nous vous en signalons une dont vous reconnaîtrez la nécessité : le remaniement de notre régime douanier.

Je conclus, au nom de la Société forestière, à ce que vous vouliez bien accueillir son vœu sur la révision du régime douanier.

M. Migneret. Je demanderai à M. le marquis d'Andelarre si, au point de vue spécial des forêts, il voudrait qu'on augmentât les droits perçus à l'importation des bois étrangers?

M. le marquis d'Andelarre. J'ai fixé tout à l'heure à 5 pour 100, au lieu de 12 centimes pour 100 francs, le droit que nous demandons sur la valeur des bois importés.

M. Migneret. Je n'insiste pas. Il m'avait semblé, en effet, qu'à la dernière séance on avait demandé l'augmentation du droit d'importation.

M. de Boureuille. M. le marquis d'Andelarre a dit que les bois baissaient ; mais les faits que j'ai tous les jours sous les yeux tendent à démontrer qu'il n'en est rien. Tous les ans nous achetons beaucoup de bois ; je ne sais pas si les droits d'octroi, les droits accessoires et les frais de transport peuvent modifier beaucoup la situation; mais je puis affirmer que je vois une tendance à la hausse plutôt qu'à la baisse, en ce qui concerne le bois de chauffage.

D'un autre côté, j'ai entendu M. le marquis d'Andelarre dire qu'on avait tout fait pour le consommateur et qu'on avait reporté sur le producteur des droits et des taxes énormes. Mais il me semble que chacun est à la fois producteur et consommateur, et qu'on est bien plus consommateur que producteur; en sorte que je ne vois pas très-bien, en supposant qu'il y ait avantage pour le consommateur, comment les agriculteurs n'auraient pas profité eux-mêmes, dans une grande mesure, d'une large réduction sur le prix du combustible, comme sur celui des fers. En un mot, il me semble qu'ils ont dû partager les avantages que les droits réduits ont pu apporter au consommateur.

M. LE MARQUIS D'ANDELARRE: Relativement au prix du bois, M. le Président de la Société forestière donnera de nouveau les explications que n'ont pas entendues quelques-uns des membres de la Commission qui n'assistaient pas à la dernière réunion.

Pour répondre maintenant à l'observation de M. de Boureuille relativement à ce fait que j'ai avancé, que les charges portaient surtout sur le producteur, je répondrai que, sans doute, tout le monde est à la fois producteur et consommateur : seulement, il y a cette différence, que l'homme qui boit en moyenne 2 hectolitres de vin par an, ne pourrait pas boire 2,000 hectolitres qu'il produirait; celui qui consomme seulement 2 hectolitres et qui en récolte 2,000, souffre donc pour 1,998 hectolitres et profite sur 2, tandis que le consommateur a été déchargé. Et ce n'est pas seulement pour les produits indigènes que le consommateur a été déchargé, mais encore pour toutes les denrées exotiques qui arrivent par voie d'importation, puisque les douanes, qui rapportaient 111 millions en 1859, n'ont plus produit, en 1866, que 66 millions. Elles ont donc baissé de toute la différence qu'il y a entre 111 et 66 millions, c'est-à-dire de 45 millions, et elles ont baissé encore de tout ce dont elles auraient augmenté pendant ces sept années. Or, elles étaient arrivées, les sucres non compris, à monter successivement de 2 à 3 millions par an ; on peut donc dire que les douanes ont baissé depuis 1859 de plus de 55 millions. Voilà une situation douanière sur laquelle il n'y a pas d'équivoque possible, puisqu'elle est établie par des chiffres irrécusables.

Ce système a privé le budget d'une somme considérable ; et, comme on a voulu avec raison que le budget s'alignât, on a rejeté la charge sur les produits indigènes. Ainsi, les droits sur les boissons ont augmenté en quatorze ans de plus de 100 millions, et vous avez entendu les plaintes des producteurs à cet égard. Je sais bien qu'on leur répond : Vous avez planté trop de vignes. C'est absolument comme si on reprochait au pays d'être trop riche et comme si on lui disait, en l'étendant sur le lit de Procuste : Raccourcissez-vous; au lieu de produire beaucoup, produisez moins ; réduisez vos plantations ; réduisez vos cultures ; ne produisez plus de blé. Aux producteurs du Midi, on dit : Vous avez planté trop de vignes, voilà pourquoi vous ne pouvez pas aujourd'hui vendre votre vin. Je le demande, est-ce une bonne politique économique que celle qui dit à un pays qui peut produire du blé et du vin : Ne produisez pas de vin, ne produisez pas de blé?

M. LE PRÉSIDENT. Vous avez demandé l'augmentation des droits sur le café et vous avez dit qu'on avait eu le tort de les diminuer, et que cette diminution avait produit une perte pour le Trésor ; je crois, au contraire, que la consommation du café a produit un accroissement de recettes. En effet, en diminuant le prix du café, on l'a fait descendre dans la consommation, même dans la consommation ouvrière ; on a pu en donner aux troupes, et, par suite, on a augmenté en même temps d'une manière prodigieuse la consommation du sucre, qui de 80 millions de kilogrammes qu'elle était il y a trente ans, s'est élevée aujourd'hui à plus de 300 millions. Or, comme le sucre rapporte à l'État 44 francs par quintal, vous voyez combien la consommation du café et d'autres boissons, telles que le thé, qui sont entrées dans notre régime hygiénique, a profité au Trésor. Si donc on a perdu quelques millions sur le café, on a retrouvé une somme très-considérable sur le sucre, qui rapporte aujourd'hui plus de 200 millions.

M. LARRABURE. Vous vous plaignez de la diminution du prix du bois ; eh bien, nous sommes ici cinq ou six qui appartenons à différentes régions de la France, et nous attestons que le bois a augmenté depuis soixante-quinze ans de 60 à 100 pour 100. La souffrance dont vous vous plaignez doit être très-locale. Ce fait que vous avez articulé, à savoir, une baisse de prix considérable alors que la main-d'œuvre augmente, est-il parfaitement constaté autour de vous ?

M. CHEVANDIER DE VALDRÔME. Je vais répondre en même temps à l'objection de M. de Boureuille et à celle de M. Larrabure. Mais auparavant je demande la permission de remplir ici mon devoir de Président de la Société forestière dans la discussion des vœux que nous vous apportons. J'ai été extrêmement frappé de toutes les considérations développées par mon excellent collègue M. le marquis d'Andelarre, et il a justifié parfaitement la classification que j'avais faite moi-même avant-hier, en indiquant que la question du régime douanier était une question générale et non pas une des questions spéciales à la propriété forestière. En effet, il vous a dit que la propriété forestière demandait 5 pour 100 de droits sur les produits étrangers importés, et il a justifié parfaitement cette demande en s'appuyant sur des considérations générales et surtout sur des considérations d'ordre financier. Mais je demande la permission de ramener un peu la question au point de vue où je l'avais posée l'autre jour, c'est-à-dire à l'expression très-simple et très-courte des réclamations de la Société et des motifs que la majorité de ses membres nous a donné mission de présenter.

La Société forestière nous a chargés de demander qu'en présence de ces importations de bois étrangers, qui s'élevaient en 1865 à 150 millions, ces bois soient frappés d'un droit de 5 pour 100 *ad valorem*. Je n'exprime nullement ici une opinion personnelle, je suis l'organe impersonnel du désir exprimé par la grande majorité des membres de la Société forestière. Ils demandent que ce droit de 5 pour 100 soit établi, non pas à titre de protection, mais au nom de la justice et de l'égalité. Ils invoquent une raison que je ne veux pas vous répéter, parce que vous l'avez entendu alléguer constamment dans l'Enquête lorsqu'on a demandé une protection analogue pour les productions agricoles, à savoir que ces 5 pour 100 ne sont que la compensation juste, équitable, des droits et impôts qu'ils payent eux-mêmes à l'Etat sous différentes formes. C'est pour cela qu'ils réclament, sur le produit étranger à son arrivée en France, l'établissement d'un droit représentant une somme à peu près correspondante à celle qu'ils payent eux-mêmes comme impôts, comme frais d'enregistrement, etc.

Je ne développe pas cette pensée, je la rappelle ; il m'a paru que c'était nécessaire pour ramener la question à cet ensemble général que j'ai eu l'honneur d'exposer.

Ceci dit, je réponds à la question de M. de Boureuille. Nous payons, a-t-il objecté, les bois à peu près aussi cher, ou plus cher qu'on ne les payait autrefois. Les bois rendent-ils plus ou moins au producteur, et, dans le cas où ils rendraient moins, quel en est le motif ? — Quant à la question du prix des bois, nous pouvons vous prouver qu'en 1842 le prix moyen du stère à Paris était de 19 fr. 50 c., et comme les marchés faits en 1866 pour les ministères portent le prix à 18 et 20 francs, en moyenne, cela ressemble beaucoup aux prix de 1842. Mais, si le prix de vente à Paris, pour l'acheteur, est resté ce qu'il était d'une manière générale, sauf quelques cas particuliers, sauf quelques marchés qu'il faut mettre de côté dans une discussion générale, le rendement a été bien moins grand. Je prends pour exemple la région qui approvisionne surtout Paris, le Morvan, et je vois que, tandis qu'en 1840 ou 1842 le décastère de bois rendu sur les ports du Morvan se vendait en moyenne 65 francs et produisait en moyenne 47 francs à son propriétaire, aujourd'hui, au contraire, de 1860 à 1865 le prix n'a été en moyenne que de 56 fr. 82 c. sur les ports du Morvan, et le prix net, en moyenne pour les propriétaires de 36 fr. 82 c. Par conséquent, alors que le prix de revient est resté en apparence stationnaire ou n'a augmenté que de bien peu de chose à Paris, le prix du bois rendu sur les ports du Morvan et le prix net pour le propriétaire sont allés constamment en décroissant. J'ai déjà dit quelques mots de cette décroissance à la Commission ; mais si M. le Président ne le trouve pas inopportun, j'y reviendrai très-rapidement, puisque quelques membres de la Commission retenus au Conseil d'Etat n'assistaient pas à la dernière séance.

Cette décroissance est due à différentes causes, par exemple à l'accroissement des prix de main-d'œuvre dont nous avons parlé l'autre jour. D'après un tableau que nous avons remis, l'augmentation est en moyenne de 65 pour 100 sur le prix de fabrication du bois ; sur le prix de transport du bois pour l'exporter de la forêt et l'amener sur le marché, il y a une augmentation analogue.

4

Si j'allais un peu plus loin et si je recherchais ce que les centimes additionnels ajoutent à l'impôt payé par le propriétaire, je trouverais une charge qui a été rapidement croissant. Comme il faut bien que nous déduisions du prix de la chose que nous produisons tous les frais qui viennent la grever, on peut dire d'une manière générale que tous les frais qui grèvent la production ou la coupe et l'enlèvement de nos produits, ont été en augmentant. De même pour les frais de garde. Il y a donc augmentation dans tous les frais dont nous sommes chargés, et par conséquent diminution du produit net.

J'arrive à la question de M. Larrabure. Y a-t-il réellement diminution, en général, dans le prix de nos produits? Dans la dernière séance, j'avais établi deux grandes divisions : le bois d'œuvre et le bois de feu ; j'avais reconnu que pour les bois d'œuvre il y avait augmentation de prix, mais j'avais ajouté, et tout le monde, je crois, l'avait reconnu, que le bois d'œuvre est surtout le fait de la production des forêts de l'Etat, et que les forêts particulières le produisent dans une proportion beaucoup moindre. J'avais même fait remarquer que la proportion des bois de service, de futaie, existant dans les forêts particulières va constamment en diminuant, parce que les particuliers, tentés d'une part par les hauts prix qu'ils trouvent, et, d'autre part, par le désir de maintenir momentanément leurs revenus, font disparaître successivement, au grand détriment de l'avenir, une portion notable de la futaie qui peuple encore leurs forêts. Donc l'augmentation du prix de la futaie, qui profite très-fort à l'Etat, profite très-peu aux particuliers ; j'avais établi devant la Commission qu'elle était loin de compenser la diminution qui avait lieu d'une manière générale sur le prix des bois de feu, diminution portant non-seulement sur le prix net, mais sur le prix brut, c'est-à-dire sur celui que paye le consommateur. J'avais fait une exception dans laquelle rentre le cas qui vient d'être cité. Sur certains points spéciaux, là où il y a des agglomérations de population, là où les canaux sont venus faciliter les transports et ont permis de conduire des bois de qualité supérieure vers les villes, il y a eu certaines augmentations ; mais c'est là un fait spécial à certaines localités et qui disparaît et s'atténue toutes les fois qu'une nouvelle voie de transport est ouverte. Ainsi, pour citer un exemple, car très-souvent l'exemple saisit mieux qu'un raisonnement général, le canal de la Marne au Rhin, qui traverse les forêts de la Meurthe, avait permis de porter à Strasbourg et à Nancy les produits de ces forêts : il y avait eu augmentation, surtout sur deux espèces de bois, les bois de hêtre et de charme, dits *bois de quartier*, qui sont des bois de luxe, et les bois résineux, qui sont employés exceptionnellement par les boulangers de Strasbourg pour cuire leur pain. Mais, depuis, le canal des houillères de la Sarre a mis la houille en communication avec le canal de la Marne au Rhin ; ce canal est ouvert depuis dix mois, et cette année il y a eu sur ces bois une baisse de 1 franc à 2 francs par stère, parce que la houille est venue prendre leur place à Strasbourg et à Nancy.

Donc, sur certains points, il y a eu augmentation dans les ventes des

bois de feu de choix, qui sont les moins nombreux : car les taillis n'en produisent presque pas — et dans celles de certains bois qui avaient un emploi
spécial. Mais cette augmentation a été due, soit à une augmentation dans
les populations agglomérées, soit à la création de nouveaux moyens de
transport. A mesure que ces moyens de transport se développent et permettent d'atteindre les centres producteurs de houille, ce qu'ils tendent
tous à faire (c'est dans la nature des choses, et cela se vérifie tous les
jours), le secours qu'ils étaient venus apporter, dans une certaine propor-
.tion, à la propriété forestière, disparaît.

J'avais ajouté aussi que l'état de souffrance de la propriété forestière
était dû, non-seulement aux augmentations de dépenses dont elle était
chargée, mais à ce que son principal objet de production, le bois taillis,
avait subi presque partout une dépréciation considérable, par suite de
l'abandon presque complet de la fabrication du fer au bois et de l'emploi
général de la houille ; ce changement a été singulièrement favorisé par les
traités de commerce, dont je ne crois pas avoir à parler en ce moment. Je
constate seulement que l'introduction des fers étrangers a nécessité le
développement de la fabrication à la houille, afin que la fabrication française
pût se défendre, et qu'elle a amené la création de ces grands centres de
fabrication qu'on nomme le Creuzot, les usines de M. de Wendel, les
usines de la Moselle, ce qui a tué presque partout la fabrication du fer au
bois. Je ne m'en plains pas : je ne suis pas chargé de défendre le fer ; mais
quand je parle des forêts, je dois dire que, les maîtres de forges n'achetant
plus de bois, notre grande production de bois taillis ne peut plus se vendre
comme elle se vendait. Elle reste invendue ou se vend à vil prix.

J'ajoute que ce qui est vrai pour le fer est vrai également pour un grand
nombre d'industries : pour la fabrication du verre, la céramique et quelques industries spéciales, telles que la boulangerie de Strasbourg, qui
brûlait surtout des bois résineux et qui les remplace aujourd'hui par la
houille ; de sorte qu'un stère de bois résineux, apporté par le canal de la
Marne au Rhin, qui se vendait presque aussi cher qu'un stère de bois dur,
est tombé aujourd'hui à vil prix, parce qu'on n'en a plus besoin.

En un mot, il y a, d'une manière générale, baisse sur les prix de vente
du bois de feu, notre production principale. Qu'à côté de cette baisse il y
ait eu et il y ait encore des pays où le bois de feu augmente, c'est un accident dans la masse, accident très-heureux pour ceux qui en profitent, mais
qui ne détruit pas pour l'ensemble de la propriété forestière la situation
que nous avons signalée.

M. Migneret. Je ne crois pas que le moment de l'enquête soit celui de la
discussion. Je ne partage aucune des opinions qui viennent d'être émises,
et je me réserve de les discuter plus tard devant la Commission. Quant à
présent, pour asseoir les bases d'une bonne discussion, je désirerais qu'on
nous produisît le relevé des adjudications des bois nationaux et communaux qui ont eu lieu depuis trente ans, et, en même temps, un état du prix
des bois de chauffage d'après les mercuriales de toutes les villes de France,
et quand on sera en présence, non pas des opinions ou des exemples tirés

de tel ou tel point de la France, mais de l'ensemble du pays, alors, suivant moi, on pourra examiner s'il est vrai que depuis trente ans la propriété forestière ait vu baisser le prix de ce double produit, les bois de service et les bois de chauffage, et si, sur tous les points de la France, le bois de consommation a augmenté ou diminué de valeur. J'aurais désiré que la Société forestière eût appuyé ses propositions d'un document de cette nature ou d'un document analogue. Je me réserve de le dresser pour moi s'il n'est pas produit.

M. Chevandier de Valdrôme. Nous nous empresserons de préparer, autant que cela dépendra de nous, le document demandé. Je ferai cependant deux observations.

La première, c'est que les prix des adjudications des forêts de l'Etat ne peuvent pas nous être opposés, par l'excellente raison que les adjudications des forêts de l'Etat comprennent la futaie et le bois de feu, et que la futaie, dans les forêts de l'Etat, est dans une proportion beaucoup plus forte que dans les forêts particulières. En outre, l'Etat vend sans que le procès-verbal d'adjudication indique les quantités de bois de chaque espèce qui sont vendues ; on vend en bloc une coupe, le taillis et la futaie, c'est-à-dire le bois de feu et le bois d'œuvre ; or, dans les forêts de l'Etat, la valeur de la futaie relativement à la valeur du taillis est plus forte que dans les forêts particulières, à cause de la grande quantité de futaies qui s'y trouvent.

J'avais ajouté, dans la dernière séance, qu'un des inconvénients de l'adjonction de l'administration des forêts au ministère des finances, c'était qu'appartenant à un département essentiellement financier et fiscal, les agents forestiers étaient incessamment poussés plus ou moins directement à augmenter les produits de leurs coupes ; j'avais, de plus, affirmé — et si quelqu'un voulait prendre la peine de faire une enquête spéciale à ce sujet ou de venir examiner avec moi ce qui se passe dans les forêts de l'Etat, on verrait que ce que j'affirme est vrai — que dans beaucoup de localités, la valeur moyenne, en matière, des forêts de l'Etat, diminuait, parce qu'on avait extrait une trop grande quantité de vieilles écorces ; ces coupes trop fortes, qui peuvent aller parfaitement bien au ministre des finances, puisqu'il en résulte une augmentation dans les produits forestiers de l'Etat, ne prouvent qu'une chose : l'appauvrissement des forêts qui peut en résulter et la nécessité de les retirer à l'administration des finances pour les donner à l'administration de l'agriculture, qui les considérerait au point de vue cultural de la conservation et non à celui du produit immédiat.

Je répète donc que l'argument qu'on pourrait tirer contre nous de ce que les adjudications des forêts de l'Etat ont produit plus, je le considère comme sans valeur, parce qu'il est vicié dans sa source.

Maintenant, les mercuriales indiqueront bien le prix du bois dans les villes, et en général, surtout, le prix du bois de première qualité ; mais ce qu'elles ne vous indiqueront pas, c'est le prix de ces bois vendus autrefois à l'industrie, que l'industrie ne consomme plus aujourd'hui et qui se vendent à vil prix, parce qu'il faut cependant arriver à trouver un consommateur. Les mercuriales ne vous donneront pas non plus les charges dont la propriété est grevée, et par conséquent ne prouveront rien contre des souffrances parfaitement réelles. Nous pouvons donner des documents suffisants, nous en avons déjà remis et nous en remettrons encore pour justifier ces souffrances.

M. DE BOUREUILLE. Je suis très-étonné d'un renseignement que vous avez donné tout à l'heure. Vous avez dit qu'en 1866 on s'était déjà ressenti dans la production forestière de l'ouverture du canal de la Sarre. On s'illusionne quelquefois beaucoup sur des résultats économiques qui n'ont pas été peut-être assez bien analysés. Vous savez ce qui s'est passé l'année dernière : la production des houilles de Saarbrück a été arrêtée dans le courant de 1866...

M. CHEVANDIER DE VALDRÔME. Je le sais d'autant mieux que je suis producteur de houille dans les environs de Saarbrück.

M. DE BOUREUILLE. On a été obligé, pour les besoins de la guerre en Prusse, d'enlever le tiers des ouvriers qui travaillent à la production de la houille à Saarbrück. Ainsi, la quantité de houille produite, si elle a été maintenue à un taux égal, n'a pas pu augmenter. Comment se fait-il que le canal à peine ouvert ait eu une influence sur la vente du bois à Strasbourg, et soit venu amoindrir la valeur des produits forestiers ?

M. CHEVANDIER DE VALDRÔME. La réponse est très-facile ; je ne me permettrai jamais d'énoncer un fait sans preuves. C'est vrai : par suite de la guerre, le gouvernement prussien ayant eu besoin des ouvriers des houillères, la production de la houille a dû s'arrêter. Mais en même temps la vente se ralentissait, parce que tous les autres ouvriers manquaient à l'industrie prussienne, laquelle d'ailleurs n'avait plus besoin de fabriquer autant, les affaires s'étant arrêtées en Prusse et en même temps en France. Nous-mêmes, à la houillère de Hostenbach, quoique nous ayons moins produit, nous avons encore moins vendu.

En même temps que l'industrie prussienne était arrêtée, une partie de l'industrie française n'a guère marché. Ç'a été une ruine pour la Prusse : vous ne pouvez pas vous imaginer dans quelle proportion toute l'industrie prussienne a été frappée. Je le sais, parce que je suis moi-même fabricant de verre à vitres en Prusse : nous avons été obligés de réduire le nombre de nos ouvriers de verrerie, comme nous avions déjà réduit celui de nos ouvriers de la houillère. L'industrie s'est arrêtée : on a soutenu, entretenu les ouvriers ; mais on a peu fabriqué.

Il est bien certain que, vers la fin de l'année dernière, tous les chantiers des houillères qui donnent sur la Sarre étaient encombrés de houille, et que dès que le canal des houillères a été ouvert, il a servi à les désencombrer. Or, ces transports faits par le canal ont eu lieu précisément au moment où a commencé l'exploitation des coupes de bois pour l'exercice 1866-1867, et la houille a pu alors être transportée en très-grande quantité et à très-bas prix, vers le canal de la Marne au Rhin et à Strasbourg. Cette situation a été funeste pour les bois qu'on avait alors à vendre ou à exploiter. La baisse qui a eu lieu sur les produits vendus à Strasbourg a pu être due en partie à la gêne commerciale, suite de la guerre ; mais c'est surtout à la substitution pour partie de la houille au bois qu'il faut l'attribuer.

Quoique cette substitution n'ait encore eu lieu que dans une proportion relativement faible, je reconnais que ce n'est pas le jour où la houille arrive à meilleur marché, comme un flot, qu'elle s'empare de toute la consommation ; non, elle procède graduellement, chaque jour elle prend quelque chose, elle gagne du terrain, s'étend comme la tache d'huile, et au bout de quatre ou cinq ans, tout le mal qu'elle peut faire au producteur de bois est réalisé. Tous ces faits sont parfaitement constants.

M. LARRABURE. Est-ce qu'on ne pourrait pas obtenir le tableau des adjudications de bois de feu qui ont eu lieu depuis un certain nombre d'années dans les ministères, dans les garnisons, dans les hôpitaux, lycées, etc., ou pour les compagnies qui ont de grands centres ?

M. DE BOUREUILLE. C'est très-facile.

M. LE PRÉSIDENT. Mention sera faite de cette demande dans le procès-verbal, et quand le temps viendra, une fois l'enquête terminée, lorsque le moment de la discussion arrivera, l'administration produira ces documents, de manière que nous ayons tous les renseignements sous les yeux.

Nous avons, en suivant l'ordre que vous avez indiqué, à nous occuper maintenant du régime des octrois.

M. LE VICOMTE D'ABOVILLE. C'est moi qui suis chargé de vous montrer à quel point les octrois établis dans les principales villes de France pèsent sur la production forestière. Mais, auparavant, je demande la permission de répondre à ce qui vient d'être dit. L'honorable M. Larrabure demande qu'on dresse un tableau des adjudications faites pour le ministère de la guerre ou d'autres administrations publiques dans les différentes villes de France. Ce tableau fera connaître les prix auxquels le gouvernement a acheté le bois dans les villes ; il ne fera pas connaître le prix de revient, le prix de vente par le propriétaire producteur. Or, nous nous plaignons précisément de ce que, dans une partie de la France, le prix de vente par le propriétaire producteur a diminué, tant parce que souvent le bois est vendu moins cher sur les lieux où ce propriétaire livre sa marchandise, que parce que les frais de façon et de transport sur les lieux de vente ont augmenté depuis vingt ans. Voilà comment s'explique ce fait que, les prix restant les mêmes, augmentant peut-être même sur quelques points, dans quelques grandes villes, ont pu, en même temps, s'abaisser entre les mains du producteur.

M. LE PRÉSIDENT. Par le tableau des ventes par adjudication, on pourra savoir le prix auquel le producteur a fourni les quantités vendues.

Il n'y a pas que le gouvernement qui vende par adjudication ; il y a de grands propriétaires de bois qui vendent ainsi tous les ans.

M. LARRABURE. Les hôpitaux et les hospices ont leur vente sans avoir besoin du gouvernement.

M. LE PRÉSIDENT. Je citerai chez moi de grands propriétaires de bois, tels que MM. de Chezelle ou la maison de Sainte-Aldegonde, qui ne vendent jamais que par adjudication.

M. LE COMTE D'ESTERNO. Ce mode de vente est suivi ailleurs. Personnellement, c'est ainsi que je vends.

M. BOUQUET DE LA GRYE. Permettez-moi de faire remarquer que les propriétaires, comme l'Etat, vendent en bloc et non pas par unités de produits. Nous saurons, en prenant le relevé des adjudications, que tel propriétaire a vendu une coupe de bois à un prix de...; mais nous ne saurons pas quelle quantité il a vendue.

M. POUYET-QUERTIER. Nous ne saurons pas non plus quelles quantités des diverses espèces de bois auront été vendues.

M. MIGNERET. Voici une question que je pose à MM. les membres de la Société forestière : il y a, au moins dans beaucoup de parties de la France, une quantité considérable de bois aménagés en futaie ; or, dans les massifs forestiers aménagés en futaie, n'est-il pas vrai que la futaie et le bois de feu ne se vendent pas de la même manière ? que la futaie se vend à part, et le plus souvent au stère et non pas à la coupe, c'est-à-dire avec la confusion dont il a été parlé tout à l'heure ? Dans les forêts des Vosges, par exemple, et en Alsace, où les forêts sont aménagées en futaies, on vend, non pas la superficie à couper, mais tant de stères de bois à couper moyennant tel prix, et l'adjudication donne le prix du stère de bois.

M. CHEVANDIER DE VALDRÔME. C'est une erreur ; voici comment se font les procès-verbaux d'adjudication. On distingue les coupes de taillis et les coupes de futaies : pour le taillis on vend la contenance ; pour la futaie, on énumère le nombre de pieds d'arbres ; on dit : « Il y a tant d'arbres marqués, tant de chênes, tant de sapins. » On ne donne pas le nombre de stères.

M. MIGNERET. Les délivrances sont faites ainsi : « 1,100 stères à prendre dans la forêt de tel endroit. »

M. CHEVANDIER DE VALDRÔME. Permettez : pour le bois d'affouage, on donne, en effet, le nombre de stères ; mais pour les sapins, par exemple, on dit : « Tant d'arbres à couper. »

M. BOUQUET DE LA GRYE. La vérité est des deux côtés : M. Migneret dit avec raison qu'on vend les coupes par unités de produits, mais c'est quand il s'agit de coupes d'éclaircies.

M. CHEVANDIER DE VALDRÔME. Ce sont les plus rares.

M. BOUQUET DE LA GRYE. Mais les véritables coupes de futaie se vendent par pieds d'arbres sans indication de volume. Alors il est impossible, sachant qu'on a vendu, par exemple, pour 30,000 francs de bois, d'en déduire le prix de vente de l'unité de volume.

M. MIGNERET. Il y a donc des coupes où la confusion entre la futaie et le bois taillis n'existe pas. Il est alors possible d'établir séparément à quel prix ont été vendues une coupe de futaie et une coupe de taillis.

M. BOUQUET DE LA GRYE. Oui, parfaitement ; mais cela ne sert à rien, puisque la quantité de bois vendue n'est pas indiquée.

M. LE PRÉSIDENT. Revenons à la question des octrois.

M. LE VICOMTE D'ABOVILLE. Il faut distinguer, en France, les bois des particuliers de ceux des communes et de l'Etat. Les bois des particuliers couvrent 5 millions d'hectares sur 8 millions dont se compose en gros le sol forestier français. Il n'est pas contesté que les produits principaux de ces bois sont la charpente moyenne, le charbon et les bois de feu. Les consommateurs de ces bois de feu en général sont les campagnes pour les menus branchages, et les villes pour ce qui est du bois de corde et du charbon de bois.

Or, les octrois que les villes ont la permission d'établir sur ces produits ont presque partout été en augmentant depuis le commencement du siècle; ils sont arrivés aujourd'hui à un taux tel, que leur prix élevé a eu pour effet réel de diminuer la consommation des produits ligneux, et d'augmenter par conséquent celle des produits similaires qui peuvent y suppléer.

Je vais citer quelques chiffres pour vous montrer l'énormité de valeur que les droits d'octroi ajoutent à la valeur des produits ligneux à leur entrée dans les villes.

Par exemple, la charpente de chêne (je ne parle pas de celle au-dessus de 40 centimètres d'équarrissage, dont le prix est exceptionnel : elle sert pour des machines et pour des ouvrages spéciaux d'industrie, de maçonnerie, et elle n'est guère produite par les bois des particuliers ; je parle de la charpente au-dessous de 40 centimètres d'équarrissage) vaut en moyenne, hors de Paris, 68 à 70 francs le mètre cube. Dans ces conditions, elle paye 11 fr. 28 c. de droits à l'octroi de Paris, soit 16 pour 100, c'est-à-dire environ le sixième de sa valeur.

Le sapin, qui vaut maintenant 50 francs le mètre cube hors de Paris, paye 9 francs de droits d'entrée, soit 18 pour 100 de sa valeur.

Les bois blancs, qui valent en moyenne 40 francs le mètre cube dans les environs de Paris, payent 9 francs, soit 22 pour 100 de la valeur, pour entrer dans la ville.

Tous ces chiffres sont pris pour Paris ; tout à l'heure j'examinerai les droits d'octroi dans d'autres villes de France.

Parlons maintenant des bois de feu. Tous les bois durs, chêne, hêtre, charme et orme, payent 30 francs par décastère, double décime compris. Ceux de ces bois qui arrivent neufs et qui valent en moyenne 106 francs hors de Paris, payent ainsi, pour entrer, 28 pour 100 de leur valeur. Ceux qui arrivent par le flottage, et qui valent 84 francs (c'est la moyenne des dix dernières années), se trouvent taxés à 33 pour 100.

L'hectolitre de charbon, qui vaut 3 fr. 75 c. hors de Paris (ce prix varie peu depuis quelques années), paye 60 centimes à l'octroi de Paris, soit 16 pour 100 de sa valeur. Si l'on considère le bois de chêne qui a servi à fabriquer ce charbon, c'est-à-dire 36 centistères qui vaudraient 3 francs à la porte de Paris, ces 60 centimes d'entrée sur ce prix de 3 francs représentent 20 pour 100 de la valeur qu'aurait hors de la ville le bois qui a servi à produire ce charbon.

Ce sont des chiffres énormes : le tiers, le cinquième, le sixième de la valeur de l'objet, telle est l'augmentation que l'octroi de Paris ajoute aux produits ligneux, soit en charpente, soit en bois de feu. Ces droits sont supérieurs à presque tous ceux que payent les autres produits à l'octroi.

Que serait-ce, si nous considérions la valeur de ces bois entre les mains du propriétaire ! Mais tout à l'heure nous y reviendrons. A ce point de vue, il faut spécialiser, attendu que les bois rapportent plus dans les environs immédiats des grandes villes, moins dans les parties éloignées, et que les prix entre les mains du propriétaire dépendent essentiellement de la distance où celui-ci se trouve et des moyens d'écoulement de ses bois. Je ne crois pas fausser la question en prenant pour type, en ce qui concerne Paris, le Morvan, attendu que tout le monde sait que depuis des temps très-reculés ce pays a été affecté par sa situation et aussi par une législation spéciale, à l'approvisionnement de Paris en bois de feu. Aujourd'hui encore, quoique les moyens de transport des produits forestiers dans un rayon de 30 à 40 lieues de Paris aient été bien augmentés par la création des canaux et des chemins de fer, voici dans quelle proportion cette contrée, qui comprend une partie des trois départements, l'Yonne, la Côte-d'Or, la Nièvre, alimente la consommation de Paris :

En 1864, sur 450,129 stères de bois durs entrés dans la capitale,
L'Yonne a fourni. . . . . 284,050 stères.
Les ports de la Cure. . . . . 73,090 —
Le canal de Nivernais environ. . . . . 20,000 —
Total. . . . . . . 377,140 stères [1].

Ainsi, le Morvan fournit plus des trois quarts de la consommation de Paris en bois dur. Je puis donc prendre ce pays comme échantillon de ce que cette production laisse entre les mains du propriétaire. D'ailleurs, on le comprend bien, le produit entre les mains du propriétaire dépend essentiellement de la distance entre la capitale et le lieu de production. Aujourd'hui comme autrefois, la majeure partie de ces bois arrivent par eau, au moyen du flottage. Ce système de transport n'a pas sensiblement varié depuis que Jean Rouvet l'a inventé, il y a trois siècles ; il a été un peu amélioré à la fin du siècle dernier, mais depuis il est toujours resté le même. On peut donc comparer — et ici je rentre dans la question de diminution de la valeur du produit entre les mains du propriétaire — le prix que le propriétaire tirait de ses bois au moyen de ce mode d'écoulement au commencement du siècle avec celui qu'il en tire aujourd'hui.

Or, sur les ports les plus élevés de l'Yonne, la moyenne résultant des ventes annuelles constatées par des registres régulièrement tenus dans ma famille (et ce prix est à peu près le même sur chaque port pour tous les bois qui y arrivent) a été de 55 fr. 40 c. par décastère de l'année 1853 à l'année 1865 ; je produirai, si la Commission le désire, les registres

(1) Dont 217,190 en bois flotté et 159,950 en bois neuf.

dont je viens de parler et qui établissent ce chiffre. Pour avoir le prix net entre les mains du propriétaire, il faut de ce prix déduire les frais de façon, d'empilage et de charroi, ces derniers variables suivant la distance de la forêt au port de flottage. On peut les évaluer ensemble en moyenne par décastère à 20 francs : il reste donc pour le propriétaire environ 35 fr. 40 c. de produit net par décastère, l'impôt et la garde du bois non défalqués.

Telle est, sur les ports les plus élevés de l'Yonne et de la Cure, la moyenne depuis douze années : elle s'applique à une quantité de bois qui ne va pas à moins de 4,000 à 5,000 décastères par an.

A mesure qu'on descend les rivières, les prix sont plus avantageux, parce que les frais d'écoulement des bois vont en diminuant, et que les bûches arrivent en meilleur état.

Ceux qui viennent sur les ports inférieurs rapportent plus aux propriétaires, suivant qu'on se rapproche davantage de Paris. En tenant compte de la différence des frais de transport et de flottage, il est facile de juger du prix des uns par celui des autres.

Ainsi, tandis que dans les ports les plus élevés le propriétaire a 36 francs, la ville de Paris perçoit un droit de 30 francs; c'est-à-dire un chiffre presque égal à celui que touche le producteur !

Supposez maintenant une année de baisse — car vous savez que le commerce des bois est sujet à de brusques oscillations — il ne sera pas rare de voir une diminution d'un tiers sur le prix du bois au port de flottage. Cependant, les frais de façon et de charroi ne diminuent pas pour cela. Alors il y a une grande perte, et je pourrais citer des lots de 100 décastères qui ont été vendus, en 1854 et en 1855, moins cher qu'ils n'avaient coûté de façon et de charroi [1], en sorte que le propriétaire aurait mieux fait de ne pas couper son bois, puisque cette coupe ne lui a rien rapporté, et qu'elle a même entraîné pour lui une perte.

Voilà la situation pour le bois de flottage dans la contrée que je viens de citer et qui comprend une grande étendue de pays. Elle est devenue aussi mauvaise dans plusieurs parties de la Champagne depuis que les forges au bois qui consommaient les charbonnettes de ce pays ont éteint leurs feux.

En est-il de même pour les bois de charpente? Tout le monde sait que les petites charpentes se vendent assez mal, parce que le fer peu à peu prend leur place dans les grandes villes.

Je connais un propriétaire voisin de Joigny qui, en 1865, n'a vendu ses charpentes que 25 francs le stère, en forêt. Que perçoit là-dessus l'octroi ? 11 fr. 28 c., c'est-à-dire près de la moitié.

[1] Ces bois de moule avaient coûté par décastère :

Façon.........................	8 fr.	00 c.
Droit de port et empilage.........	0	90
Transport sur essieu..............	28	00
Total.....	36 fr.	90 c.

Ils ont été vendus 34 et 36 francs.

Cette situation n'est pas rare et nous pourrions citer d'autres exemples analogues.

Au commencement du siècle, il n'en était pas ainsi, et les renseignements que je vais donner justifieront ce que je disais tout à l'heure de la diminution du revenu net de la propriété forestière en plusieurs parties de la France.

De 1805 à 1816, la moyenne du prix des bois du haut Morvan, exploités de même, vendus également au décastère, sur les mêmes ports, a été de 73 fr. 14 c. [1] : différence en moins pour le prix d'aujourd'hui, 17 fr. 74 c., soit plus du quart de la valeur du bois de moule au commencement du siècle ; dépréciation bien grande, surtout si l'on tient compte de la diminution de la valeur de l'argent depuis cette époque.

(1) Voici les chiffres année par année :

En 1805, le demi-décastère de bois, destiné à l'approvisionnement de Paris, a été vendu sur les ports des Lamberts et des Moines (Nièvre). ... 40 fr. » c.

Année	fr.	c.
1806	34	»
1807	42	»
1808	45	75
1809	42	60
1810	42	75
1811	18	»
1812	26	75
1813	36	»
1814	42	»
1815	37	25
1816	31	75
Total	438 fr.	85 c.

Moyenne des douze années : 86 fr. 57 c.
Soit par décastère : 73 fr. 14 c.

Voici maintenant les prix de 1854 à 1865 :

Année	fr.	c.
1854	19	50
1855	20	50
1856	32	»
1857	27	58
1858	21	07
1859	28	70
1860	31	»
1861	35	»
1862	21	25
1863	25	»
1864	33	»
1865	38	»
Total	332 fr.	52 c.

Moyenne des douze années : 27 fr. 71 c.
Soit par décastère : 55 fr. 42 c.
Différence en moins par décastère : 17 fr. 74 c.

Ces prix comprennent les frais de garde, d'impôt, de façon, de charroi et d'empilage du bois au port de flottage, avancés par le propriétaire, et qui ont tous augmenté depuis 1815.

C'est en partie à l'octroi que nous attribuons cette situation. Pendant la même période, ses tarifs n'ont cessé de croître.

Quand le bois se vendait dans les parties les plus élevées du Morvan jusqu'à 74 francs, l'octroi de Paris prélevait 12 francs par décastère, tandis que dans ces douze dernières années, de 1853 à 1865, alors que le propriétaire ne retire de son bois que 55 fr. 40 c., l'octroi prélève 30 francs : différence en plus sur le commencement du siècle, 18 francs ! C'est, vous le voyez, messieurs, à 26 centimes près, la diminution du revenu du producteur !

On peut donc dire que l'octroi n'est pas étranger à la perte du propriétaire, et qu'il y contribue au contraire pour beaucoup, quoique indirectement : car l'exagération croissante des droits d'entrée à Paris sur les bois de feu pousse la population parisienne à répartir sa consommation sur des combustibles moins coûteux.

Il est curieux de rapprocher de cette dépréciation entre les mains du propriétaire l'augmentation du prix de vente du bois dans Paris. Je ne parle que pour les particuliers, je laisse de côté les adjudications publiques pour lesquelles les achats sont faits à des prix exceptionnels : ainsi, le Conservatoire des arts et métiers a acheté l'année dernière et cette année sa fourniture de bois sur le pied de 17 fr. 69 c. le stère, chiffre qui diffère peu des prix payés depuis cinquante ans par les grandes administrations. Quant aux particuliers, ils ont payé cette année le bois flotté, scié en trois morceaux, 55 francs les 1,000 kilogrammes (il y a peut-être une différence de 1 franc d'un marchand à l'autre), ce qui, à raison de 750 kilogrammes (poids de 2 stères en chêne et hêtre flottés mélangés) par *voie* de Paris, laquelle équivaut à 2 stères, met le stère ou les 375 kilogrammes à 20 fr. 62 c. Or, la moyenne des prix du même bois dans Paris, de 1805 à 1816, a été de 31 fr. 92 c. la voie, ou 15 fr. 96 c. le stère, soit 16 fr. 96 c., sciage compris, c'est-à-dire de plus d'un septième inférieure au prix actuel.

D'où vient donc qu'en diminuant entre les mains des propriétaires qui approvisionnent Paris, le prix du bois, dans cette ville, a augmenté entre les mains des marchands ?

Il y a à cela plusieurs causes : d'abord l'octroi dont nous avons parlé, puis l'organisation de ce commerce à Paris. En consultant l'*Almanach des cent mille Adresses*, on verrait que le nombre des marchands de bois ayant chantier, qui s'élevait, il y quatre ans, à deux cent vingt-cinq, n'était en 1801 que de cinquante-deux. Le nombre des regrattiers a crû dans une proportion encore plus forte.

Voici donc les bénéfices qui se partagent nécessairement aujourd'hui entre un bien plus grand nombre de mains.

De plus, la valeur locative des chantiers, les frais de débardage et de transport sont incomparablement supérieurs à ce qu'ils étaient en 1801, par exemple. Enfin, la vente a diminué de près de moitié. De 1801 à 1866, elle est descendue de 1,208,000 stères à 708,000. Les marchands, étant plus nombreux et ayant des frais plus considérables aujourd'hui, vendent,

en outre , moins de bois qu'au commencement du siècle : voilà une foule
de raisons qui les obligent à faire un plus gros bénéfice sur chaque décastère.

Quant à la ville de Paris, elle n'a cessé d'augmenter son droit d'octroi,
tant sur les bois durs que sur les bois blancs. Mais je laisse de côté le bois
blanc, dont la consommation n'a pas sensiblement varié depuis le commencement du siècle ; avant l'annexion des communes de l'ancienne ban-
lieue, la vente du bois blanc avait baissé dans Paris ; mais l'annexion a
rétabli l'ancienne proportion de cette vente, parce que les communes an-
nexées consomment beaucoup de ce bois.

Eh bien, voici la proportion qu'a suivie le droit d'entrée sur les bois
durs.

De 1801 à 1816, ce droit a été de 1 fr. 20 c. sur une consommation
moyenne de 826,145 stères. En 1817, il est porté à 1 fr. 50 c., puis à
2 francs. La consommation décroît de 875,662 stères, chiffre moyen des
trois premières années de ce régime, à 748,439, chiffre moyen des trois
dernières.

Le droit est porté, en 1832, à 2,65, soit avec le décime à 2,915. Le
double décime établi en 1848 l'élève à 3,18. La consommation baisse jusqu'au chiffre de 475,963 stères en 1852. En cette année, le droit est fixé
à 2,988 , puis en 1853 à 3 francs compris le double décime, et il n'a plus
varié depuis. La consommation n'a plus sensiblement varié non plus, malgré l'annexion opérée en 1860, et elle a été en 1866 de 481,000 stères (1).

La cherté croissante du bois dans Paris a décidé, malgré ses répu-
gnances, la population parisienne à consommer de la houille , frappée de
droits d'entrée bien moins élevés que le combustible végétal.

La taxe du charbon de terre a été successivement de 30 centimes en
1816, 50 centimes en 1817, 33 centimes (décimes compris) en 1839,
33c,60 en 1852, par hectolitre , et 72 centimes par quintal (double décime
compris), depuis 1854.

Aujourd'hui la houille vaut à peu près 56 francs les 1,000 kilogrammes
dans Paris.

M. LE PRÉSIDENT. C'est un chiffre un peu élevé. Je crois qu'il est plus
exact de prendre celui de 53 francs, même pour le charbon anglais.

M. LE VICOMTE D'ABOVILLE. On m'a vendu à moi-même du charbon de
Charleroi, de la houille belge, sur le pied de 55 francs.

M. LE PRÉSIDENT. Il y a deux ans, le prix du Mons et du Charleroi, à
Paris, était de 50 francs ; il est maintenant de 53 francs.

M. LE VICOMTE D'ABOVILLE. Le prix n'est pas absolu ; il peut subir une
légère variation suivant le marchand.

Au surplus, je n'insiste pas, et , prenant ce chiffre de 53 francs, je re-
marque que, dans ce prix, le droit d'octroi entre pour 7 fr. 20 c., soit
15 pour 100 de la valeur du combustible hors Paris.

(1) Voir une note publiée en 1855 par la Société forestière et jointe au dossier.

C'est une proportion très-inférieure à celle de la taxe sur le bois qui ajoute, nous l'avons vu, 28 pour 100 de valeur au bois.

Si nous considérons maintenant le prix de production de la houille et ce qu'elle vaut à Charleroi, savoir 21 francs la tonne, nous ferons remarquer que le droit de 7 fr. 20 c. ne représente que 34 pour 100 de sa valeur sur le carreau de la mine, tandis que le droit assis sur le bois s'élève à 53 et 83 pour 100 de sa valeur entre les mains du propriétaire. D'où vient que l'octroi frappe si inégalement deux combustibles dont la valeur naturelle et primitive diffère cependant très-peu ? Car si 1,000 kilogrammes de houille valent 21 francs à Charleroi, 2,400 kilogrammes de bois, fournissant le même calorique, ne valent que 21 fr. 60 c. dans le Morvan. Ainsi les deux combustibles, considérés au point de vue du calorique, se vendent à peu près le même prix sur les lieux de production.

Mais une fois en route pour Paris, l'un supporte bien plus de frais de manutention et de transport que l'autre. Ces frais accessoires composent une grande partie de la valeur du bois à la porte de la ville, et c'est sur eux surtout, sur la main-d'œuvre des flotteurs et charretiers, qu'elle prélève son énorme taxe. C'est évidemment une chose injuste.

Si nous prenons maintenant le fer, nous voyons qu'il est, lui aussi, mieux traité que la charpente en bois.

D'après la composition ordinaire des planchers en fer, le mètre (1) carré de ces planchers paye à l'octroi 95 centimes, tandis que le mètre de bois paye 1 fr. 18 c. La différence sera encore plus sensible si, comme il en est question, on réforme le tarif sur les fers, et si l'on arrive à abaisser le droit jusqu'à 44 centimes, chiffre qui a été proposé, il y a deux ans, au conseil d'État. Alors, le plancher en bois payerait trois ou quatre fois plus que le plancher en fer.

Dans cette situation, nous demandons que, dans le prochain règlement des octrois de Paris, le droit d'entrée payé par les divers produits forestiers soit diminué; et que, pour les combustibles, il soit proportionné, autant que possible, à leur puissance calorifique.

Cette base est juste, et c'est celle que nous réclamons. Mais si elle n'est pas admise, nous demandons au moins que la taxe du bois soit fixée proportionnellement à sa valeur vénale, notamment en ce qui concerne les *traverses :* c'est le terme spécial par lequel on désigne, dans le Morvan, les bois de hêtre flottés, qu'on appelle ici *bois de cuisine.*

M. Guillaumin. Ils comprennent les bois de cotrets, qui entrent pour deux tiers dans la consommation (2).

M. le vicomte d'Aboville. Ces bois de cuisine ne sont pas assurément des bois de luxe. Eh bien, ce sont précisément ceux qui supportent la taxe la plus forte; car une même quantité de chaleur, quand elle est fournie par

(1) Nous considérons ici un plancher en fer, de moins de 7 mètres de largeur, composé de solives à T, de 10 centimètres de hauteur, espacées de 0^m,80 et reliées par des entretoises. Ces solives pèsent 15 kilogrammes par mètre courant.

(2) Une partie des cotrets de bois dur se fabrique dans les chantiers de Paris avec les traverses du Morvan.

la houille, paye en moyenne à l'octroi 72 centimes, tandis qu'en bois de chêne, d'orme, charme ou hêtre neuf elle paye 1 fr. 69 c. ; en bois blanc, à 2 fr. 22 c., par stère pesant 300 kilogrammes, 1 fr. 77 c., et enfin, en bois flotté, pesant en moyenne 350 kilogrammes le stère, 2 fr. 04 c.

Vous voyez que le calorique paye à l'entrée à Paris dans une proportion d'autant plus forte qu'il s'agit moins de chauffage de luxe.

M. LE PRÉSIDENT. Ainsi, d'après vous, le bois qui sert au chauffage du pauvre paye davantage que celui qui sert au chauffage du riche ?

M. LE VICOMTE D'ABOVILLE. Oui, monsieur le Président, et nous demandons que la réforme qui doit avoir lieu dans deux ou trois ans, sur les octrois de Paris, tienne compte de cet état de choses; que les bois de peu de valeur soient moins taxés que les bois de luxe à l'octroi de Paris, et surtout qu'il n'y ait plus cette faveur que j'ai signalée et qui est accordée actuellement aux produits similaires du bois, c'est-à-dire au fer sur le bois de charpente, et à la houille sur le bois à brûler.

En terminant, je prie la Commission de vouloir bien remarquer que ce que je viens de dire s'applique non-seulement à Paris, mais aussi à plusieurs autres villes de France, parmi lesquelles je me bornerai à citer ici Lyon. Dans cette ville, le bois est taxé comme à Paris, tandis que la houille n'y paye que 1 franc par mètre cube.

Le mètre cube de houille pesant 800 kilogrammes en moyenne et chauffant comme 1,920 kilogrammes ou 4^s,80 de bois moyen, il en résulte que la même quantité de chaleur qui, sous forme de houille, paye 1 franc à l'octroi de Lyon, payé, sous forme de bois, 14 fr. 40 c.

Nous réclamons la même réforme pour toutes les villes de province qui sont dans une situation analogue, relativement aux droits d'octroi qui pèsent sur les produits forestiers : Bordeaux, Nantes, Orléans, Troyes, Bourges et beaucoup d'autres. Car presque partout les administrations municipales, désirant favoriser l'industrie, ou considérant à tort la houille comme le chauffage du pauvre, ont, dans la fixation de leurs droits d'octroi, favorisé les matières similaires du bois et contribué ainsi, sans le vouloir, à restreindre la consommation des produits de nos forêts sous leurs diverses formes.

M. CHEVANDIER DE VALDRÔME. Je demanderai la permission de résumer en deux mots la longue et très-exacte déposition de notre collègue M. le vicomte d'Aboville.

Nous établissons que non-seulement à Paris, mais dans la plupart des villes de provinces, l'octroi frappe inégalement les produits forestiers et leurs similaires, qui sont la houille pour le bois à brûler, le fer pour le bois de charpente. Nous disons que les produits forestiers sont frappés dans une proportion tellement considérable, que quelquefois l'octroi prélève jusqu'à 30, 40 et même 50 pour 100 de la valeur de l'objet qu'il frappe, et que cette proportion est excessive. Nous demandons que l'attention du conseil d'État soit appelée sur cette question, et que le règlement d'administration publique qui va être bientôt édicté, en exécution de la nouvelle loi des attributions des conseils municipaux, ne permette plus de pareilles inégalités entre des objets qui vont aux mêmes besoins.

Et à l'objection qu'on pourrait nous faire que la houille est le chauffage de l'industrie, nous répondons que le bois, et particulièrement le bois de peu de valeur, le bois flotté et certains bois blancs, les cotrets et le charbon de bois, sont le chauffage du pauvre. Jamais les petits ménages ne feront leur soupe ou leur modeste dîner avec de la houille ; ils prendront toujours du charbon de bois : c'est le combustible dont on se sert pour la cuisine, c'est presque toujours, avec les cotrets, celui dont se sert l'ouvrier.

Le cotret convient tellement au pauvre que dans les distributions faites par les bureaux de bienfaisance, ou par l'administration des hôpitaux, vous verrez figurer les cotrets dans une proportion considérable.

Ainsi, nous demandons plus d'égalité dans l'établissement des droits d'octroi, à un point de vue de justice, soit entre les producteurs de bois et ceux de matières employées à des usages similaires, comme le fer et la houille, soit vis-à-vis du pauvre qui consomme une partie de nos produits, tandis que l'industrie emploie les produits qui nous font concurrence.

Voilà, messieurs, en quelques mots, le résumé de nos demandes sur ce point, et tous les détails qui viennent d'être donnés par M. le vicomte d'Aboville n'ont pu que confirmer, je l'espère, aux yeux de la Commission, le bien fondé de nos réclamations.

Nous joindrons à nos dépositions un certain nombre de pièces annexes, qui justifieront et compléteront ce que nous venons de dire de vive voix, d'autant plus qu'il y a des chiffres qu'il est nécessaire de rapprocher les uns des autres pour bien saisir les conclusions auxquelles nous sommes arrivés.

M. MIGNERET. L'opinion de M. Chevandier de Valdrôme se résume en ceci, qu'il réclame la révision des tarifs des octrois : ce n'est pas une protestation qu'il fait contre l'octroi lui-même.

M. CHEVANDIER DE VALDRÔME. Nous réclamons la réforme des tarifs des octrois, suivant la proportionnalité qui existe entre des produits similaires, et nous demandons que cette révision soit préparée par le règlement d'administration publique dont, aux termes de la loi départementale et municipale, le Conseil d'Etat aura incessamment à s'occuper. Cette réforme aura pour résultat d'éviter que la consommation parisienne ne se porte vers un seul produit, en s'éloignant d'un produit qui a la même valeur et qui peut servir à des besoins analogues.

M. LE VICOMTE D'ABOVILLE. Je suis chargé de dire quelques mots à propos des frais de transport sur les chemins de fer et sur les canaux.

Depuis quelques années, les différentes compagnies de chemins de fer tendent à niveler, pour les grandes distances au moins, le prix de transport des bois et celui des produits similaires. Elles se sont aperçues qu'en maintenant les tarifs trop élevés qui existaient primitivement sur les bois de chauffage et sur les fagots, elles se faisaient tort à elles-mêmes. Cependant, aujourd'hui encore, il existe sur plusieurs lignes des différences très-sensibles.

Ainsi, de Dunkerque à Paris, c'est-à-dire sur une distance de 304 kilomètres, la compagnie du Nord transporte la houille pour 7 fr. 80 c., ce qui fait 2 centimes 57 centièmes par tonne et par kilomètre. Il y a là une différence que rien ne justifie : car il est aussi facile, il est même plus facile peut-être de charger le bois à brûler en bagage que la houille dans un wagon.

Les dimensions actuelles d'un wagon permettent très-facilement de lui faire transporter son maximum de charge en bois de feu. Il y a là sur le Nord des wagons pouvant contenir 27 mètres cubes de bois, pesant plus de 10,000 kilogrammes, et je ne vois aucune raison pour que le gouvernement autorise plus longtemps des tarifs établissant une différence semblable entre des produits similaires.

Nous réclamerons également contre les tarifs de la Compagnie de l'Ouest, qui cote aussi le transport du bois à 5 centimes par tonne et par kilomètre, au-dessus d'une distance de 150 kilomètres ; tandis qu'elle transporte la houille, au-dessus de cette même distance, à 4 centimes seulement.

Dé même, le transport du charbon de bois sur le chemin de fer d'Orléans coûte 6 centimes, tandis que celui du charbon de terre n'est que de 4 centimes.

Et cependant, grâce à l'invention des grands cadres qui déplacent les chariots et les font monter directement sur les wagons, il y a maintenant une grande facilité pour le chargement du bois, et c'est une circonstance qu'il n'est pas inutile de faire remarquer.

Nous demandons que, dans les tarifs qu'il aura désormais à homologuer, le gouvernement n'autorise plus de pareilles inégalités.

Quant aux transports par eau, je crois que tous les développements ont déjà été donnés à la Commission sur cette question, et je n'ai rien à ajouter aux paroles de l'honorable Président de la Société forestière, qui a exprimé, en notre nom, le vœu que les droits sur les canaux puissent être complétement supprimés : car, ainsi qu'il l'a dit, les canaux étant un moyen de transport analogue aux routes impériales, il est naturel qu'ils leur soient assimilés.

M. Maulde. Messieurs, j'ai à vous entretenir d'un quatrième chef de réclamation qui, comme les autres, prend sa source dans l'inégalité proportionnelle des charges imposées aux propriétaires de bois relativement à d'autres produits. Si cette inégalité existe pour les chefs sur lesquels nos collègues se sont déjà expliqués devant la commission, elle existe encore, et d'une manière plus frappante, et elle est beaucoup plus facile à établir, en ce qui touche la répartition de l'impôt foncier.

Nous ne voulons pas fatiguer la commission de tous les exemples que nous pourrions citer ; il nous suffira de mettre sous ses yeux quelques documents qui établiront, de la manière la plus nette et la plus précise et par des chiffres officiels, que la répartition de l'impôt foncier, en ce qui touche les bois, est faite d'une manière tellement inégale, que la part de cet impôt que les propriétés boisées ont à supporter atteint, dans certains cas, la proportion de 40 à 50 pour 100 de leur revenu : je veux dire de leur revenu brut; tandis que chacun sait que, pour beaucoup d'autres propriétés, l'impôt foncier est en rapport avec le revenu de la propriété dans des proportions qui varient de 5 à 6 pour 100.

Parmi les chiffres tirés de documents officiels qui peuvent servir à confirmer ce que nous avançons, les premiers qui se présentent sont consignés dans des décisions des conseils de préfecture et du conseil d'Etat, notamment en ce qui concerne la liste civile. Les bois que la liste civile nouvelle a pris en 1852 étaient estimés, pour la perception de l'impôt, dans la forêt de Compiègne, à un chiffre de 80,000 francs comme revenu imposable. Le conseil de préfecture de l'Oise a réduit de moitié l'estimation de ce revenu imposable ; il a fixé à 40,000 francs pour 1852 et à 38,000 francs pour 1853, le chiffre du revenu sur lequel doit être basée la contribution foncière de la forêt de Compiègne. A Fontainebleau, avant la prise de possession de la liste civile, la forêt était portée à un revenu imposable de 1,300,000 francs, et la liste civile a obtenu la réduction de ce chiffre à 498,000 francs, c'est-à-dire une réduction de près de deux tiers.

M. Tisserand. Sur quoi cette réduction a-t-elle été motivée? Ne provenait-elle pas d'une diminution de revenu ?

M. Maulde. Il n'y avait eu aucun changement dans la situation ni dans le revenu. Cette réduction a été motivée sur ce qu'il y avait exagération dans le revenu cadastral.

La liste civile, plus heureuse que les particuliers, ainsi que je l'expliquerai tout à l'heure, a obtenu la révision de l'opération cadastrale, et elle a démontré l'exagération de la fixation primitive. Nous ne prétendons pas que les décisions prises par le conseil de préfecture au profit de la liste civile n'aient pas été parfaitement justes, et nous ne voulons pas dire qu'il y ait eu une réduction de faveur pour telle ou telle forêt : nous sommes d'avis, au contraire, que les réclamations de la liste civile étaient parfaitement fondées ; mais nous en tirons la conséquence que l'exagération de l'impôt sur les bois, en général, est énorme, et que cette exagération, démontrée par cet exemple, se retrouve presque partout.

Je ne voudrais pas multiplier les exemples ; cependant permettez-moi d'en citer encore un qui est tiré des arrêts du Conseil d'Etat. Je puis dire *des arrêts*, tout en ne vous citant qu'une décision : car, malheureusement, sous la législation dont nous nous plaignons, toutes les réclamations les plus évidentes de vérité sont inévitablement condamnées à subir la même formule de rejet.

Il s'agissait de la réclamation d'un propriétaire du département de Seine-et-Marne, qui soutenait devant le Conseil d'Etat et qui prouvait — car les agents de l'administration des contributions l'ont reconnu à tous les degrés de l'instruction de l'affaire — qu'il payait 1,164 francs d'impôt foncier pour un bois dont le revenu réel ne s'élevait pas à 1,800 francs !

Enfin, messieurs, s'il nous est permis de nous citer nous-mêmes, l'un des membres de la Société forestière que nous regrettons de ne pas voir ici en ce moment — c'est un magistrat qui est retenu au Palais aujourd'hui — M. Boselli, nous a affirmé, et il est prêt à en donner la preuve par un fait patent, que le revenu d'un bois qu'il possède dans le département de Seine-et-Oise ne suffit pas pour payer la charge de l'impôt, en sorte que s'il n'y avait pas cette répugnance du père de famille à sacrifier sa propriété, il serait tout prêt à user du bénéfice de la loi qui permet au propriétaire foncier surchargé d'abandonner le fonds pour le payement de l'impôt.

M. LE DUC DE PADOUE. Ce fait a été consigné dans l'enquête.

M. MAULDE. Tous ces faits ont été nettement établis et les chiffres ont été communiqués à l'administration des contributions directes, que nous pouvons considérer sur ce point comme notre adversaire. Cette administration a reconnu que le résultat des enquêtes de 1851 avait été que, dans les propriétés foncières, la propriété plantée en bois était de toutes la plus surchargée d'impôts fonciers ; que, prise en masse, elle payait dans une proportion d'un dixième plus que la moyenne des autres natures de propriété, et que cette proportion devenait extrêmement considérable, si l'on voulait comparer l'écart qui existe dans certains départements.

Nous ne nous fatiguerons pas à rechercher la cause de cette exagération. Elle provient, en grande partie, d'une cause primitive, qui est comme le péché originel de la propriété foncière ; elle provient de ce qu'au moment où le cadastre a été formé, les répartiteurs ont été pris naturellement et forcément dans la classe des propriétaires représentant d'autres natures de propriété.

Tout le monde sait que la propriété boisée est, en général, nous pouvons le dire, presque l'apanage des grands propriétaires : car il est difficile à d'autres que de grands propriétaires de procéder à son exploitation d'une manière régulière. Les répartiteurs du cadastre ayant été pris dans la classe des cultivateurs, leur tendance a été naturellement de faire reporter la charge la plus lourde aux propriétés qui n'étaient pas représentées. C'est ainsi que la propriété boisée s'est trouvée surchargée. La disproportion n'a fait qu'augmenter à raison de la dépréciation des bois et de la concurrence qu'est venu leur faire l'emploi, presque inconnu alors, du fer et de la houille pour les constructions et le chauffage.

Quoi qu'il en soit de ces causes générales, il y a, en outre, des causes spéciales sur lesquelles je ne voudrais dire qu'un mot, en passant, et qui méritent aussi d'attirer l'attention de la Commission ; car, à côté des causes générales, il y a ceci de singulier et de remarquable relativement à la propriété foncière, que le propriétaire qui possède un champ et qui jouit d'une récolte annuelle peut bien, par des accidents de température ou par toute autre cause, perdre sa récolte ; mais il ne perd pas son champ dont la fertilité reste la même, et, à la récolte suivante, il sera récompensé d'un accident qu'il a subi, surtout si des circonstances heureuses viennent compenser le désastre de l'année précédente ; tandis que les désastres de la propriété forestière s'attaquent, non pas seulement à la récolte annuelle, mais au fonds même. L'incendie d'un bois ou tout autre accident, la grêle, la gelée, attaquent le bois lui-même, le fonds même du bois et non pas seulement le produit annuel.

Il serait donc nécessaire pour cette propriété, plus que pour toute autre, que le propriétaire qui se présente dans des conditions telles que celles que nous citions tout à l'heure, eût le moyen de faire modifier la taxe à laquelle il est imposé. Malheureusement, notre législation actuelle ne le permet pas. Nous sommes, pour la propriété foncière, de quelque nature qu'elle soit, sous un régime qui fait obstacle à la réparation de toute espèce d'injustice, soit générale soit particulière. Les lois de 1807 et de 1821 opposent à toute réclamation une fin de non-recevoir et rejettent *de plano*, par voie d'exception, toute réclamation relative à l'impôt qui n'a pas été faite dans les six mois de la formation du cadastre. Or, il y a longtemps que la formation du cadastre a eu lieu, et sa révision paraît être ajournée indéfiniment. Trente ou quarante ans s'écouleront donc peut-être avant que les propriétaires puissent réclamer contre les injustices dont ils souffrent. N'y aurait-il pas un moyen d'arriver à la réparation de ces injustices, et d'obvier à la situation véritablement intolérable qui est faite à la propriété boisée ?

En premier lieu et avant tout, nous avons indiqué celui-ci ; nous avons demandé qu'on fît cesser cet obstacle absolu opposé par la loi à la réclamation des propriétaires fonciers ; qu'on admît au moins que dans certains cas déterminés, comme par exemple dans le cas d'incendie, enfin dans des cas exceptionnels où la surcharge est par trop évidente, qu'on admît, dis-je, que le propriétaire pût, à quelque époque que ce soit, obtenir une réduction de taxe et un déclassement de sa propriété. Nous avons demandé, en second lieu, que, en attendant cette opération de la révision générale du cadastre qui effraye, on eût recours à une diminution successive des charges de la propriété foncière en ce qu'elles ont de trop exagéré.

C'est, du reste, ce moyen qu'a proposé M. le sénateur comte de Casabianca, dans un rapport présenté par lui au Sénat, le 23 mai 1862, sur une pétition qui réclamait précisément ce que nous demandons aujourd'hui, c'est-à-dire qui réclamait l'atténuation de ce qu'il y a de trop inégal dans les impôts qui grèvent la propriété foncière. L'honorable rapporteur proposait qu'il fût fait droit autant que possible à cette réclamation, au moyen de l'affectation de la plus-value perçue chaque année par l'Etat sur la contribution foncière à raison des propriétés nouvellement bâties et qui sont cadastrées à nouveau. Cette plus-value, qui est actuellement de 3 millions, et qui doit devenir d'année en année plus considérable à raison du développement prodigieux de l'industrie dans toute la France, suffirait pour qu'on pût, dans un laps de temps assez rapproché, niveler la contribution foncière conformément aux prescriptions de la loi organique, c'est-à-dire ramener l'impôt à l'égalité proportionnelle, en ne laissant pas subsister ce spectacle de propriétaires voisins payant l'un 60 pour 100 de son revenu net, l'autre 2 ou 3 pour 100. On arriverait ainsi, par l'allocation annuelle de cette plus-value, à faire disparaître cette surcharge qui pèse particulièrement sur la propriété boisée.

M. Chevandier de Valdrôme. Je demande à rappeler ce que mon honorable collègue M. Maulde a dit au commencement de sa discussion. Il a parlé de deux forêts pour lesquelles la liste civile a obtenu une réduction considérable ; je tiens à répéter avec lui que nous ne contestons pas le bien jugé des arrêtés des conseils de préfecture et du Conseil d'Etat à ce sujet ; mais nous appelons l'attention de la Commission sur ce fait regrettable, que quand les propriétaires forestiers se trouvent dans la même position, ils sont invariablement repoussés par des fins de non-recevoir : il y a là une question d'équité, et même de dignité pour le gouvernement. En mon nom et au nom de mes confrères, je demande que le gouvernement examine sérieusement cette question, afin que justice soit rendue à tous.

M. le Président. Quelqu'un demande-t-il encore la parole sur un autre point ?

M. Chevandier de Valdrôme. Nous avons encore à entretenir la Commission des subventions spéciales pour l'entretien des chemins vicinaux ; c'est M. Maulde qui a bien voulu se charger d'être notre interprète sur cette question.

M. Maulde. Je n'ai qu'un mot à dire à propos de l'application de l'article 14 de la loi du 21 mai 1838 aux exploitations forestières.

M. le Président. Cette question a déjà été longuement traitée devant la Commission ; elle a été envisagée au point de vue de toutes les exploitations possibles, au point de vue des sucreries indigènes, des moulins, etc., etc., enfin, de toutes les industries se rattachant à l'agriculture. Les réclamations contre cet article 14 ont été générales.

M. Maulde. Nous désirons seulement faire remarquer que pour les bois, particulièrement, l'assimilation faite par cet article de l'exploitation par un propriétaire de sa forêt à une exploitation industrielle ne peut se justifier, ni en principe ni en fait. Elle ne peut se justifier en principe : car le bois n'est qu'un produit agricole comme toute autre espèce de récolte. Le propriétaire de bois qui fait une coupe ne fait que recueillir le produit de sa terre, et on ne comprend pas qu'en recueillant son produit, il puisse être considéré comme un industriel. Il est agriculteur, et il l'est au même titre que celui qui cultive la vigne ou les céréales.

Nous ajoutons qu'en fait cette assimilation est des plus inadmissibles : car elle est fondée sur ce que le propriétaire du bois, en recueillant son bois et en le coupant tous les vingt ans, je suppose, s'il s'agit d'un taillis aménagé à vingt ans, ou tous les trente ou quarante ans, s'il s'agit de futaies, cause un dommage plus grand aux chemins vicinaux de sa localité que tout autre propriétaire. En fait, je le répète, cela n'est pas vrai ; car s'il ne coupe qu'au bout de vingt ans, il a payé pendant tout ce temps d'abord comme propriétaire foncier, puis les centimes additionnels, et toutes les prestations et charges qui ont contribué à l'entretien des chemins vicinaux de sa localité, et cependant il n'en a pas usé pour l'exploitation de sa propriété, puisqu'il n'a pas exploité pendant tout ce temps.

Si donc, dans une seule année, il exploite son bois et cause à ce moment un préjudice plus grand que les autres propriétaires à la voirie communale, il ne fait que faire en un an ce que les autres ont fait en vingt ans ; et j'ajoute qu'il le fait d'une manière moins fâcheuse pour la voirie ; car beaucoup d'autres récoltes nécessitent un transport qui dégrade davantage les routes et les détériore plus que le charriage du bois. Tout le monde sait, par exemple, ce qui se passe pour les vignes. Les vendanges, qui se font généralement au commencement de la mauvaise saison, c'est-à-dire en automne, sont pour les chemins vicinaux une cause de dégradations plus considérable que le charriage du bois qui a lieu en hiver, par la gelée, ou en été, par le beau temps. Donc, sous ce rapport, au point de vue du droit comme au point de vue du fait, l'article 14 de la loi du 21 mai 1836, ne doit pas continuer à être appliqué aux exploitants de bois.

M. le Président. Il reste encore à traiter le point qui est relatif à l'inégalité dans la répression des délits.

M. le conseiller Gallois. Les considérations présentées, lundi dernier, par M. le Président de notre Société relativement à la répression des délits commis dans les bois des particuliers, nous laissent peu de choses à dire. Nous nous bornerons donc à quelques explications que nous essayerons de rendre concises.

La propriété forestière requiert une protection tout aussi sérieuse que les autres biens ruraux : les vols, les dégâts qui y sont commis, sont aussi blâmables aux yeux de la morale, aussi dommageables pour le propriétaire, que les délits qualifiés communs ; ils troublent tout autant l'ordre public.

Cependant le Code forestier, même avec les modifications qu'il a reçues en 1859, semble admettre que la société est moins intéressée à leur répression.

Il nous est impossible d'apercevoir en quoi consisterait la différence que l'on prétend exister, et de nous expliquer comment celui qui vole une charge de bois, ou scie un chêne dans une forêt, serait moins coupable et moins répréhensible que celui qui soustrait une gerbe de blé, un panier de pommes de terre, dans les champs, ou coupe un pommier dans un verger.

Dira-t-on que la plupart des délits forestiers sont commis par des indigents agissant sous la pression du besoin ?

Ce serait une erreur. Il est notoire, en effet, que les délinquants sont, le plus souvent, des maraudeurs d'habitude qui vont vendre le produit de leurs rapines pour en dissiper le prix au cabaret.

Les rédacteurs du Code forestier, promulgué en 1827, attachaient une grande importance à garantir et augmenter les revenus des biens domaniaux et communaux ; sous l'empire de cette préoccupation, ils ont puni les délits d'amendes proportionnelles, et n'ont admis la peine d'emprisonnement que dans certains cas tout à fait exceptionnels. Or, comme les auteurs de délits de cette sorte sont souvent insolvables, leurs méfaits demeuraient, à proprement parler, impunis, à moins que de faire usage de là contrainte par corps, moyen que le fisc pouvait employer, mais qui échappait presque forcément à des particuliers.

Pour remédier à cet état de choses, le législateur promulgua la loi de 1859, dans le but de rendre plus efficace la répression des délits forestiers, laquelle était évidemment insuffisante.

Ce but a-t-il été atteint ?

Les modifications apportées par la nouvelle loi consistent principalement en ces deux points :

1° Pouvoirs donnés aux gardes champêtres des communes, au gendarmes et aux autres officiers de police judiciaire de rechercher et constater les délits forestiers comme les délits ruraux ;

2° Faculté donnée aux tribunaux de prononcer un emprisonnement pour des infractions qui n'étaient punies que d'une amende.

Quelle a été l'influence de ces changements ?

Par l'effet d'un préjugé qui a de profondes racines, un grand nombre d'individus se permettent dans les forêts des méfaits et des déprédations qu'ils ne commettraient pas sur des biens d'une autre nature, et même ceux des habitants de la campagne qui ne se livrent point à de semblables abus, n'étant pas propriétaires de bois, se montrent fort indulgents pour des délits dont ils n'ont pas à souffrir, et disposés à blâmer la personne lésée si elle exerce directement des poursuites.

Le garde champêtre lui-même, nommé par le conseil municipal qui représente la majorité des habitants, partage la manière de voir de ceux avec qui il est chaque jour en rapport, et ne constate un délit forestier que quand il en est requis formellement.

Quant aux gendarmes, il est manifeste qu'il leur est à peu près impossible de surveiller les forêts.

L'adjonction des gardes communaux et des gendarmes aux gardes particuliers est donc à peu près inutile.

On pouvait espérer que la faculté donnée aux tribunaux de prononcer la peine d'emprisonnement produirait un meilleur résultat. Il n'en a pas été ainsi. Les habitudes étaient prises depuis longtemps, et les juges ne condamnent que très-rarement le délinquant à la prison.

En sorte que les délits forestiers continuent à n'être punis que d'une amende : ce qui équivaut, nous l'avons dit, à l'impunité.

Reste à la vérité la contrainte par corps ; mais elle est plus onéreuse que profitable, puisque le créancier est tenu de pourvoir à la consignation des aliments et, d'ailleurs, nombre de personnes répugnent à l'employer comme étant trop rigoureuse et les exposant à des actes de vengeance.

Peut-être le mal serait-il moins grand si le ministère public attachait plus d'importance à la répression des délits commis dans les bois des particuliers.

L'organe du Conseil d'Etat, en exposant les motifs de la loi de 1859, disait :

« Nous aurions vainement élargi le cercle de la recherche et de la constatation des délits commis dans les bois des particuliers, si la poursuite de ces délits devait toujours être abandonnée à la diligence des propriétaires et rester à leur charge, si jamais elle ne pouvait sortir de leurs mains pour passer dans celles du ministère public. C'est une erreur trop généralement répandue que les parquets ne peuvent agir de leur propre mouvement dans la répression des infractions forestières dont les particuliers ont à se plaindre. Leur initiative à cet égard ne souffre aucune dérogation : leur droit est entier, il est incontestable ; il s'exerce, sans doute, avec trop de réserve, mais sans rencontrer d'opposition. Devions-nous aller plus loin ! faire une obligation aux parquets de poursuivre d'office dans tous les procès forestiers qui intéressent les particuliers ? Cette proposition, qui s'est produite, ne pouvait être accueillie : une pareille injonction adressée au ministère public eût porté une atteinte sérieuse à l'autonomie de cette grande institution. Le ministère public peut, sous sa responsabilité, écarter les plaintes les plus graves. Mérite-t-il moins de confiance quand il ne s'agit que de simples contraventions constatées par le procès-verbal, souvent irrégulier, d'un garde champêtre ou d'un gendarme ?

« Il est désirable assurément que l'intervention du ministère public soit plus fréquente. Nous n'avons pas cru que, pour la solliciter, il fallût rien ajouter aux termes de l'article 191 du Code forestier : toute addition de texte eût été surérogatoire. Mais nous avons exprimé cette pensée en modifiant la rubrique du titre XIII. *Une indication suffisante des droits et du devoir du ministère public* résulte de ce changement de rédaction : elle résulte *surtout de l'esprit général de cette révision qui a principalement pour objet de* RANIMER L'ACTION PUBLIQUE *dans la police des bois qui appartiennent à des particuliers.* »

M. Lelut, dans son rapport au Corps législatif, reproduisait ces considérations en termes énergiques que nous devons vous rappeler (§ 2, n° 32) :

« ... Sans doute les parquets peuvent poursuivre les délits forestiers commis dans les bois des particuliers, de leur propre mouvement ou d'office : ils en ont le droit ; mais en usent-ils avec autant de promptitude et de vigueur que quand il s'agit d'atteintes à la propriété rurale, seulement même aux propriétés boisées soumises au régime forestier ?... La commission de l'Assemblée législative avait cherché par une rédaction précise à faire sortir le ministère public de sa réserve habituelle... M. le rapporteur du Conseil d'Etat trouve que toute addition de texte est surérogatoire, et nous sommes malheureusement forcés d'être de son avis ; mais nous pensons qu'il sera à son tour du nôtre, lorsque nous dirons que, dans la poursuite des délits portant atteinte à la propriété particulière, *le ministère public doit aller jusqu'à la limite de ses droits, et que c'est là ce que le gouvernement ne saurait trop fortement lui rappeler.* »

Ce n'est pas tout : les procureurs impériaux ont été invités par des circulaires à poursuivre d'office les délits forestiers ayant quelque gravité.

Eh bien, nonobstant ces déclarations, ces avis, ces injonctions, les délits intéressant les particuliers ne sont pas poursuivis d'office, et le ministère public délaisse les propriétaires à faire usage de la citation directe, laquelle présente de très-grands inconvénients, ainsi que l'a reconnu le Conseil d'Etat.

On prétend que les procureurs impériaux, pour justifier leur refus de concours, allèguent qu'ils ne peuvent pas avoir autant de confiance dans les procès-verbaux d'un garde particulier qu'en ceux d'un garde nommé par l'administration domaniale. Cette objection, si elle a été faite, n'est nullement fondée : la loi (art. 16 et suiv. du Code d'instruction criminelle) n'admet aucune distinction entre les uns et les autres ; et, d'ailleurs, les particuliers ne sont pas libres de nommer qui bon leur semble, puisque les gardes qu'ils désignent ne sont admis à prêter serment devant le tribunal que s'ils sont agréés par le sous-préfet : or, assurément, ce fonctionnaire ne les accueille qu'après enquête (art. 117 du Code forestier).

Au surplus, notre intention n'est pas de demander que le ministère public poursuive sur tous les procès-verbaux qui lui sont remis : nous reconnaissons, avec l'organe du Conseil d'Etat, qu'une pareille exigence porterait atteinte à l'autonomie de cette grande institution. Mais nous voudrions que les procureurs impériaux traitassent les délits forestiers comme les délits communs, qu'ils examinassent les procès-verbaux des gardes particuliers comme ceux des gardes communaux et qu'ils poursuivissent d'office les faits qui sont une attaque grave contre la propriété.

De tout ce que nous venons de dire, il faut conclure que le législateur n'a pas atteint le but qu'il s'était proposé, et que, de même que par le passé, la propriété forestière n'est pas suffisamment défendue.

Que peut-on faire pour la protéger?

Dans la séance de lundi dernier, M. le Président a exprimé cet avis que l'on pourrait attribuer aux juges de paix la connaissance de toutes les infractions commises dans les bois des particuliers.

Ce n'est pas sans crainte que nous nous hasardons à combattre l'opinion d'un homme aussi considérable ; cependant, qu'il nous permette de lui présenter une objection.

Les juges de paix, dans l'état actuel de la législation, sont déjà chargés de juger toutes les infractions qui sont rangées dans la classe des contraventions. Or, nous le savons tous, ils ne se décident que bien rarement à infliger une peine d'emprisonnement, et nous n'avons pas le courage de les en blâmer : car nous sommes de ceux qui pensent que leur juridiction doit être en quelque sorte paternelle. Mais s'ils ne prononcent qu'une amende, c'est l'impunité dans un grand nombre de circonstances.

Nous ajouterons qu'il est des délits d'une telle gravité, qu'il semblerait illogique de n'infliger à leurs auteurs que des peines de simple police.

M. le Président. On donnerait aux juges de paix une compétence particulière.

M. Gallois. Nous proposons, au nom de notre Société, d'assimiler complétement, sous le rapport de la répression, les infractions forestières qui ont lieu dans les bois des particuliers aux infractions rurales.

M. le Président. Il faudrait alors créer dans les provinces de nouvelles chambres de tribunal ; celles qui existent ne suffiraient pas.

M. Chevandier de Valdrôme. Cela ne serait pas nécessaire. Il y a certains tribunaux d'arrondissement qui sont en danger d'être supprimés faute d'occupation. Eh bien, ce serait très-heureux pour eux, et cela justifierait leur existence.

M. Maulde. Cela leur donnerait une raison d'être.

M. Gallois. Pour obtenir l'assimilation que nous désirons, on pourrait rendre obligatoire la peine d'emprisonnement, dans le cas où elle est édictée par le Code forestier, sauf à donner aux tribunaux la faculté de ne prononcer qu'une amende lorsque, dans la cause, il existerait des circonstances atténuantes : car il faut avouer que certaines infractions ne méritent pas une peine corporelle.

Mais, à notre avis, il y aurait encore mieux à faire : ce serait de fusionner, avec le Code pénal, les dispositions répressives du Code forestier, notamment celles du titre XII. Nous ne saurions trop le répéter ; la distinction établie entre les délits communs et ceux qui ont lieu dans les bois ne repose sur aucune base solide, et il est inutile de reproduire les observations que, dans la séance de lundi, vous avez entendues de la bouche de notre Président.

Il serait facile, au moyen de quelques changements dans leur rédaction, de rendre les articles 388, 444, 445, 475 du Code pénal applicables aux faits prévus par le titre XII du Code forestier, ou par les divers articles de ce code ayant trait à la répression des abus commis dans les forêts, et satisfaction serait ainsi donnée à des intérêts bien légitimes.

En résumé, nous persistons à demander que les infractions commises dans les bois des particuliers soient assimilées à celles qui sont énumérées dans le Code pénal, poursuivies d'office, comme ces dernières, par le ministère public et punies des mêmes peines.

M. le Président. Je ferai observer à M. Gallois que l'article 475 du Code pénal, qu'il cite, ne concerne que les contraventions et non les délits : car il est au titre *de la Police municipale,* tandis que les articles 386, 387 et 388 sont au titre *des Vols ou Soustractions frauduleuses.*

M. Gallois. C'est très-vrai, monsieur le Président ; mais dans l'article 475 il y a un paragraphe qui punit d'une amende le passage des bestiaux dans un bois taillis appartenant à autrui. C'est pour cela que je l'ai cité. Si nos observations étaient accueillies, la rédaction de ce paragraphe devrait être modifiée dans le même sens que celle de l'article 388 et autres.

M. Chevandier de Valdrôme. Il ne nous reste plus à traiter que la question du crédit forestier. M. le comte d'Esterno a bien voulu se charger de développer cette question, dont il a déjà été dit quelques mots dans la dernière séance.

M. le comte d'Esterno. Je demande la permission d'exposer d'abord quelles ont été les demandes antérieures de la Société forestière, en même temps que de tous les propriétaires de bois ou de forêts, relativement à la possibilité d'engager mobilièrement les produits forestiers.

M. le Président. Voulez-vous parler de l'engagement de la superficie tout entière et non pas seulement des coupes arrivées à maturité ?

M. le comte d'Esterno. Nous autres forestiers, nous n'admettons pas qu'il y ait une maturité pour la coupe. La maturité existe quand le propriétaire juge convenable de couper sa forêt.

M. le Président. Que deviendrait alors le droit des créanciers hypothécaires?

M. le comte d'Esterno. Je répondrai à cette observation par les derniers mots du premier paragraphe du vœu formulé par la Société forestière en 1857, vœu qu'elle renouvelle aujourd'hui.

Voici ce premier paragraphe:

« 1° Que tout propriétaire de bois ou de forêts soit libre d'engager mobilièrement, pour garantie d'un emprunt, la superficie exploitable de sa propriété, les droits des tiers demeurant réservés. »

Je ne crois donc pas utile de nous jeter immédiatement dans l'exception, et il ne faut pas croire que toutes les propriétés forestières sont grevées d'hypothèques.

M. le Président. Je ne parle pas d'une exception. La femme mariée a une hypothèque légale, le mineur aussi. Ce ne sont pas là des exceptions.

M. le comte d'Esterno. Je crois, au contraire, que les différents cas cités par M. le Président sont tous des exceptions; or, *les droits des tiers demeurant réservés*, toutes les exceptions qu'indique M. le Président se trouvent comprises dans cette phrase. Voilà du moins comment la Société forestière l'a entendu.

Ceci posé, nous avons à nous occuper des forêts libres de toute hypothèque, de toute garantie et de tous droits quelconques des tiers, et comme ces forêts composent une énorme majorité, nous sommes, je crois, dans le vrai en nous occupant d'elles de préférence aux cas exceptionnels.

Depuis quelques années l'esprit public a complétement changé à l'égard de la propriété foncière; la manière générale d'apprécier la position des propriétés foncières s'est modifiée depuis cinq ou six ans à peu près. Autrefois, on croyait que la propriété foncière ne devait pas emprunter; qu'elle se ruinait lorsqu'il lui arrivait de se procurer de l'argent par des moyens de banque ou d'emprunt. On avait mis la propriété forestière, comme le reste de la propriété foncière, sous une espèce de tutelle; on lui disait : « Nous allons non-seulement réserver les droits des tiers, » comme M. le Président propose avec tant de justice de le faire, mais on ajoutait : « Nous voulons vous prémunir contre vos propres fautes, contre votre propre entraînement. »

C'est à cette idée, je crois, qu'on a complétement renoncé depuis quelques années. L'Empereur a exprimé très-nettement son opinion à ce sujet, lorsqu'il a dit qu'il voulait favoriser le développement de l'initiative individuelle : cela signifie qu'il fallait supprimer les entraves, sous la réserve toujours des droits des tiers.

Lorsque les droits protecteurs existaient, on pouvait concevoir peut-être des restrictions, parce que l'effet de ces droits était double : ils établissaient une protection extérieure, une protection obtenue contre la concurrence étrangère, à l'aide des douanes; et, d'un autre côté, ils devaient à l'intérieur protéger l'agriculteur, non plus contre la concurrence étrangère, mais contre celle d'un autre agriculteur plus habile que lui. Ni l'une ni l'autre protection ne peuvent exister aujourd'hui, car la concurrence étrangère étant faite par des gens qui ne sont gênés par aucune entrave, c'est une nécessité de libérer la propriété foncière en France pour lui permettre de lutter et de faire tête aux concurrents du dehors. On est obligé de renoncer à considérer l'agriculteur comme un mineur ou un interdit, et à croire qu'il faut lui imposer une manière de frein pour l'empêcher de se ruiner. Cette idée, qui existe encore malheureusement chez quelques personnes du reste très-dignes et très-bien posées, part de ce principe faux que l'agriculteur n'a pas, comme un autre industriel, la faculté de se diriger avec intelligence et qu'il a plus besoin qu'un autre d'être maintenu, borné et limité dans ses opérations.

Pour tous ceux qui connaissent les agriculteurs et qui ont vécu près d'eux, il est certain que si l'on voulait faire des catégories, il n'y a aucune classe d'industriels, de producteurs aussi sage, aussi sensée et aussi économe ; et s'il y a des catastrophes causées soit par le défaut d'intelligence, soit par le défaut de jugement d'un industriel, ces catastrophes sont infiniment plus rares en agriculture qu'autre part.

Nous devons donc songer uniquement à rendre à chacun la libre disposition de sa chose, établir qu'il n'y a pas un tiers parti, une position mixte, entre l'interdit, l'aliéné, l'incapable, et celui qui jouit de ses facultés complètes, qui est citoyen et administrateur de sa fortune. S'il est incapable, donnez-lui un conseil judiciaire ; s'il ne l'est pas, laissez-lui faire ce qu'il voudra de sa propriété.

Et voyez quelle était l'inconséquence ! On disait et l'on dit encore à un homme : « Vous pouvez détruire la superficie de votre bois ; vous pouvez la vendre ; la couper ; mais vous ne pouvez pas l'engager. » Voici où était l'erreur du législateur : il voulait conserver la superficie forestière ; or, s'il avait voulu la détruire, il n'aurait pas pu mieux s'y prendre. En effet, un propriétaire forestier peut quelquefois, comme un autre, avoir besoin d'argent à tout prix ; s'il peut engager sa superficie, il le fait, il se procure l'argent, et si des rentrées lui arrivent, il rembourse, il sauve sa superficie et la forêt n'est pas détruite.

Voilà le but qu'il faudrait atteindre ; mais on a marché vers un but diamétralement opposé, en croyant cependant agir dans l'intérêt de la conservation de la propriété foncière. Lorsque la nécessité de faire de l'argent avec une forêt se fait sentir, l'impossibilité de l'engager pousse fatalement à la détruire.

Il y a maintenant au Conseil d'Etat l'avis d'une Commission officielle de crédit agricole, qui s'est occupée de la question des forêts, et voici quelles sont les conclusions du rapport.

L'article 2076 du Code est ainsi conçu :

« Dans tous les cas, le privilége ne subsiste sur le gage qu'autant que ce gage a été mis et est resté en la possession du créancier ou d'un tiers convenu entre les parties. »

La Commission propose d'ajouter : « en cas de vente. »

« Néanmoins, pour les ustensiles aratoires, les animaux de toute espèce et autres objets attachés au service d'un fonds rural, même à titre d'immeubles par destination, les produits récoltés, les récoltes coupées, ou pendantes, ou par branches ou par racines, *les coupes ordinaires de taillis et de futaies régulièrement aménagées dans l'année qui précède l'époque de l'abatage*, il peut être convenu que les objets resteront en la garde et possession, soit du propriétaire exploitant son fonds par lui-même, soit du fermier ou métayer qui les aura donnés en gage, suivant que lesdits objets appartiennent à l'un ou à l'autre, à charge par lui de pourvoir à leur entretien et à leur conservation. »

Vous voyez qu'on accorde au propriétaire forestier toute liberté d'emprunt et d'engagement ; on lui permet maintenant de dire à un capitaliste : Prêtez-moi de l'argent, et je vous engage mes récoltes et même mes immeubles par destination ; on l'autorise à engager sa forêt ; mais, par une restriction que je ne comprends pas et qui annule presque entièrement l'amélioration proposée, on lui dit : Vous n'engagerez votre forêt que si elle se compose de coupes régulièrement aménagées dans l'année qui précède l'époque de l'abatage.

Voilà ce que je ne comprends pas. S'il y a avantage à pouvoir engager la coupe aménagée dans l'année qui précède l'abatage, pourquoi n'y aurait-il pas avantage à engager la coupe aménagée dans l'année antérieure ? Pourquoi ne peut-on pas engager de même la coupe non aménagée ? Dans quel intérêt restreint-on ainsi la liberté du propriétaire forestier, une fois qu'il est admis que les droits des tiers sont formellement réservés ? et lorsqu'il n'y a pas de tiers, quels motifs peuvent pousser l'administration à restreindre le droit du propriétaire forestier ? J'avoue qu'il m'est impossible de le comprendre.

Une forêt paraît être un objet créé spécialement dans le but de favoriser le développement du crédit : elle est fixe, elle ne peut être déplacée sans que le créancier en soit instruit.

De plus, comme elle ne donne pas de revenus habituels en détail, on doit s'attendre qu'elle ne rapporte que l'année où on la coupe ; il en résulte que, quelquefois, pendant trente ou quarante ans elle ne donne rien. Or, il y a dans une famille des besoins d'argent qui se font sentir quelquefois plus souvent que tous les quarante ans. Pourquoi priver le père de famille des moyens de s'en procurer ? C'est pourtant à cette triste situation qu'il est réduit, à moins qu'il ne coupe son bois ; c'est ainsi qu'on a encouragé la destruction des forêts qu'on voulait conserver.

Nous sommes à une époque où la liberté paraît être l'aspiration principale de tous — je parle bien entendu en industrie et en agriculture.—Ce que demandent les industriels, mot qui comprend les agriculteurs, c'est leur liberté ; c'est qu'on les surveille le moins possible ; ils acceptent bien volontiers la surveillance du Gouvernement pour tout ce qui concerne la police, la morale publique, l'intérêt du fisc et aussi pour les droits des tiers. Mais quand on vient leur dire : C'est dans votre intérêt que nous restreignons votre liberté, c'est pour vous empêcher d'abuser de vos propres forces, parce que nous nous jugeons, nous, administration, ou légistes, ou législateurs, plus intelligents que vous pour vos propres intérêts ; toutes les fois qu'on va jusque-là, on outre-passe les bornes et l'on fait tort à l'intelligence de l'agriculteur, que je regarde comme très-supérieure en ce qui concerne ses propres affaires à celle de tel tuteur ou de tel curateur qu'il serait possible de lui imposer.

La Société forestière m'a donc chargé de conclure, devant la Commission, à la demande d'une liberté complète en ce qui touche l'engagement mobilier des superficies forestières. Cet engagement est permis dans des limites fort restreintes, c'est-à-dire pour la coupe ordinaire des taillis et futaies *régulièrement aménagées dans l'année qui précède l'époque de l'abatage.* En dehors de ces cas prévus, il y a les futaies non régulièrement aménagées ; il y a celles régulièrement aménagées, qui ne sont pas dans l'année qui précède l'abatage ; enfin, il y a les coupes ordinaires de taillis qui peuvent ne pas être arrivées encore à l'année qui précède l'époque de l'abatage, et cependant avoir beaucoup de valeur et faciliter l'obtention des capitaux dont le propriétaire a absolument besoin.

Je suis chargé, en conséquence, de demander que cette restriction : *régulièrement aménagées dans l'année qui précède l'époque de l'abatage,* soit supprimée, et qu'il lui soit substitué une liberté complète d'engager mobilièrement la superficie.

M. LE PRÉSIDENT. La rédaction que vous demandez est celle-ci : «Les bois sur pied, quels que puissent être leur nature, leur âge et leur aménagement. »

M. le comte d'Esterno connaît mon opinion sur ce point, j'ai déjà eu occasion de la lui dire ; mais ce n'est pas le moment d'entrer dans une discussion qui irait beaucoup trop loin.

M. MAULDE. Je ne répondrai qu'un mot à l'objection principale que M. le Président a faite tout à l'heure à M. le comte d'Esterno, quand il a dit que la faculté qu'on voudrait accorder ou qu'on réclame pour le propriétaire forestier d'engager sa superficie avant que le bois ne soit mûr, avant l'époque de l'abatage, nuirait aux droits que la loi confère aux femmes, aux mineurs, et, en un mot, à tous les créanciers hypothécaires.

Je crois que l'objection tombe à faux : car nous ne demandons qu'une chose pour le propriétaire forestier, c'est-à-dire qu'il soit reconnu qu'il peut profiter de la faculté accordée par la loi à tout propriétaire d'engager les choses qu'il pourrait vendre. Nous reconnaissons que s'il ne peut pas détacher du sol sa superficie, il ne pourra pas l'engager. Mais l'objection de M. le Président tombe à faux ; car, s'il peut vendre, s'il peut détacher nonobstant le droit des tiers créanciers hypothécaires à titre légal ou particulier ; s'il peut vendre, dis-je, il y a évidemment pour ces tiers le même inconvénient, et je dirai presque un plus grand dans cette vente que dans l'engagement. Celui-ci ne détruit pas la superficie, il ne fait qu'accorder un droit sur elle à un tiers créancier, tandis que la vente fait complétement disparaître, pour les tiers ayant une hypothèque le droit sur la superficie. D'ailleurs, la même objection pourrait être faite pour la faculté accordée à tout autre propriétaire, par le projet de loi soumis en ce moment au Conseil d'Etat, d'engager les immeubles par destination et les instruments aratoires. Evidemment, dans beaucoup de fermes et dans beaucoup de propriétés, peut-être pas dans un assez grand nombre, les immeubles par destination, le cheptel, les instruments aratoires, forment une partie considérable de la valeur même de la ferme. Pourtant, le propriétaire peut les vendre; nonobstant le droit des créanciers, il peut les engager. Pourquoi la même faveur ne serait-elle pas faite au propriétaire d'un sol boisé, pour la superficie de ce sol ?

J'ai cru devoir ajouter cette dernière observation aux explications données par M. d'Esterno.

M. LE PRÉSIDENT. Je ne ferai qu'une réflexion : vous voulez un crédit sérieux, un crédit praticable, un crédit dans lequel le prêteur puisse avoir confiance. Eh bien, voilà un homme qui est marié, et ce n'est pas une exception, car le mariage est chose assez commune. Cet homme est propriétaire de bois; sa femme a nécessairement une hypothèque légale. Il vient à moi, il m'emprunte, et il me donne en hypothèque toute la superficie d'un bois aménagé, par exemple, à quinze ans. Au bout de deux ou trois ans, il meurt, et sa femme vient exercer son hypothèque légale. Croyez-vous que je lui prêterai ? Certainement non !

Jamais, je le répète, vous ne pourrez avoir un crédit sérieux. Jamais vous ne pourrez l'avoir que sur ce qui sera véritablement disponible et ce qui pourra se mobiliser.

Vous me disiez tout à l'heure que l'on donnait bien le droit au propriétaire d'une ferme, même alors qu'il a consenti une hypothèque ou que sa propriété est grevée d'hypothèque légale, de vendre ses instruments aratoires, ses chevaux, ses moutons.

Il en a toujours le droit, attendu qu'il est propriétaire ; il n'a pas hypothéqué ses charrues; tout cela est resté dans la main du propriétaire comme dans celle du fermier, et peut à chaque instant être par lui détaché de la ferme, sans droit de suite, malgré les articles 524 et suivants du Code Napoléon. Et cela pour une bonne raison : s'il vend ses bœufs; ses moutons, c'est pour les remplacer. Les moissons, elles aussi, se succèdent et même s'améliorent : de même, des instruments nouveaux et meilleurs, sont substitués aux anciens. Le gage n'est donc pas détruit, et l'objection du droit des tiers et de l'hypothèque légale ne trouve plus de place ici. Mais la superficie d'un bois, est-ce que cela se remplace ?

M. MAULDE. Est-ce que vous pouvez empêcher le propriétaire d'un bois même hypothéqué légalement, de couper son bois?

M. LE PRÉSIDENT. Comment! si je puis l'empêcher ! Mais parfaitement. Si j'avais hypothèque sur un bois et que mon débiteur vînt l'exploiter à blanc-estoc, je me pourvoirais de suite en justice et je lui ferais défendre, attendu que, quand un propriétaire m'a hypothéqué un bois, il ne doit agir que suivant l'aménagement du bon père de famille ; et si j'étais femme mariée, et que mon mari fît exploiter ses bois de cette façon, je dirais, en vertu de mon hypothèque légale : Cet homme *vergit ad inopiam*, il met ma dot en péril, et je demanderais la séparation de biens, et je ferais valoir mon hypothèque légale. Voilà le véritable droit. Ce n'est pas à M. Maulde, avocat à la Cour de cassation et au Conseil d'Etat, que je dois apprendre cela, ce n'est pas possible.

M. Maulde. Vous êtes toujours en présence d'un propriétaire ayant une valeur réalisable. La position reste la même dans l'un et l'autre cas. Permettez-lui de l'engager ou de l'aliéner ; qu'il puisse l'engager dans les conditions où il pourrait l'aliéner, c'est là ce que nous demandons.

M. le Président. Personne ne lui prêtera.

M. le comte d'Esterno. Mon opinion est, au contraire, qu'il trouvera des gens qui lui prêteront. Pourquoi ? Parce que, dites-vous, on peut se trouver en présence de gens mariés, des gens hypothéqués. Voulez-vous priver un homme qui est garçon, qui n'est pas hypothéqué, du droit d'user de sa propriété ? Ce garçon est en droit de dire : Laissez peser les empêchements sur ceux qui en ont ; mais moi qui suis libre, vous n'avez pas le droit de mettre obstacle à ce que je dispose de ma chose. Vous dites que je ne trouverai pas de prêteurs ; permettez-moi d'essayer d'en trouver ; si vous m'en empêchez, il est certain que je n'en trouverai pas.

Dans le cas de mariage, la femme peut autoriser son mari à engager ; pourquoi ne voulez-vous pas que, d'un commun accord, le mari et la femme engagent ? Enfin, parce qu'il y a des cas où le jeu du crédit serait gêné, vous voulez détruire le crédit lui-même : voilà ce qui me paraît excessif.

Je crois, monsieur le Président, que ceci est un reste de la pensée que vous aviez autrefois, que le crédit agricole en lui-même pourrait avoir des inconvénients.

M. le Président. Je n'ai jamais dit que le crédit agricole pourrait avoir des inconvénients. Je vous ai dit que le prêt sur gage à domicile pourrait en offrir, et quand la Commission du crédit agricole, que j'ai l'honneur de présider, a voté dans ce sens, j'ai fait mes protestations ; vous verrez du reste ce qui arrivera, cela ne passera pas.

M. le comte d'Esterno. C'est ce que nous verrons de part et d'autre. En tous cas, la question reste entière. Mais je ferai remarquer que les inconvénients que vous avez cru trouver à l'établissement d'un gage agricole, vous les reportez partiellement sur le gage forestier.

M. le Président. Vous me prêtez une opinion que je n'ai jamais émise ; je ne me suis pas opposé à l'établissement du gage agricole qui ressemble à tout autre, mais au prêt sur gage à domicile. Vous avez, par exemple, 50 hectolitres de blé ; vous voulez emprunter sur gage ; vous les remettrez dans les mains de votre prêteur, rien n'est plus simple.

Mais ce que je vous ai contesté et ce que je contesterai toujours, c'est le prêt sur gage à domicile, parce que là il y a un danger, et puis d'ailleurs ce sera très-difficile ; il faudra nécessairement un acte notarié ayant date certaine...

M. le comte d'Esterno. A moins qu'on ne s'en passe.

M. le Président. Il faudra constituer une espèce d'hypothèque sur les chevaux, sur les moutons, etc. Ce sera très-difficile à organiser.

M. LE COMTE D'ESTERNO. Rien n'est plus simple selon moi. Mais enfin, prenons votre rédaction et examinons votre opinion telle que vous venez de la formuler. Elle n'est favorable qu'au gage avec déplacement, suivant la législation ancienne.

Eh bien, ce que nous discutons maintenant, c'est une branche de votre opinion sur la consignation sur place. Nous demandons qu'on permette le crédit avec consignation d'une forêt sur pied ; c'est une consignation sur place ; personne ne peut l'envoyer à un dock ou à dépôt quelconque.

L'opinion que vous défendez maintenant est une fraction, un débris de celle que vous avez toujours professée et que vous venez d'expliquer en termes très-clairs ; vous espérez qu'elle prévaudra, quoiqu'elle n'ait pas passé à la Commission officielle du crédit agricole, dans lequel se trouve compris le crédit forestier. Je dis que le débris que vous défendez doit suivre le sort de la question générale, et puisque la consignation sur place est admise en matière de crédit agricole et forestier, il ne faut pas établir une distinction que rien ne motive, une réserve que rien n'autorise ; il faut adopter le principe d'une manière générale, laisser à chacun le droit de faire ce qu'il veut de sa chose. Qui peut le plus peut le moins. Je ne comprends pas qu'on dise : Vendez, coupez, détruisez, brûlez ; mais n'engagez pas, et qu'on ôte à quelqu'un le droit de se procurer de l'argent en donnant pour gage une chose qui lui appartient ! Voilà cependant où conduirait votre raisonnement ; cela n'est pas admissible.

M. LE PRÉSIDENT. Votre opinion sera consignée dans l'Enquête ; je ne veux ni ne puis engager plus loin la discussion. Je réserve de m'expliquer lors des délibérations de la Commission.

M. CHEVANDIER DE VALDRÔME. Je ferai observer que, dans la discussion qui vient d'avoir lieu, il y a deux choses : le vœu exprimé par la Société forestière, et ensuite les développements auxquels la discussion de ce vœu peut donner lieu, développements qui ne peuvent être prévus par la Société.

La Société a émis le vœu que la propriété forestière fût mise sur un pied d'égalité complète avec la propriété agricole au point de vue du crédit. Je demande la permission, en me tenant en dehors des points de discussion qui pourraient ne pas avoir été prévus, de résumer notre déposition.

Au nom de la Société forestière, nous demandons que la propriété forestière soit mise, devant la question du crédit agricole, sur le pied d'égalité avec la propriété agricole. Nous ne préjugeons pas ce qui sera fait, si ce sera bon ou mauvais pour nous ou pour les personnes que nous représentons ; nous demandons l'égalité. Cela résume en même temps tous nos vœux ; nous avons demandé en général l'égalité avec la propriété agricole.

Nous nous unissons à elle dans ses réclamations, et comme entre elle et nous l'égalité n'existe pas, nous la réclamons surérogativement. Il n'y a là rien que de très-naturel, attendu que l'égalité est la passion dominante des Français, et j'espère que cela nous vaudra l'indulgence et la bienveillance de la Commission supérieure.

La séance est levée.

[illegible]

188